Hochleistungs-Gaserzeuger
für Fahrzeugbetrieb und ortfeste Kleinanlagen

Verhalten der Brennstoffe und des Gases
Berechnung und Aufbau der Gaserzeuger und Reinigungsanlagen
Wirtschaftliche Betrachtungen

Von

Dipl.-Ing. H. Finkbeiner
Darmstadt

Mit 63 Abbildungen

Springer-Verlag Berlin Heidelberg GmbH

1937

ISBN 978-3-662-27126-1   ISBN 978-3-662-28609-8 (eBook)
DOI 10.1007/978-3-662-28609-8

Vorwort.

Der Gaserzeugerbau wurde in den letzten Jahren durch die Entwicklung von Fahrzeug-Gaserzeugern in neue Bahnen gelenkt, die andererseits auch den ortfesten Gaserzeugerbau entsprechend zu beeinflussen vermögen. Das Ziel der vorliegenden Arbeit sollte sein, die bisherige Entwicklung zusammenfassend zur Darstellung zu bringen. An Hand von Versuchsergebnissen und unter Berücksichtigung der thermochemischen Gleichgewichtsverhältnisse werden die grundlegenden Umsetzungen in einem Gaserzeuger beschrieben und die daraus sich ergebenden Möglichkeiten besprochen. Dabei wurde besonderer Wert auf die Verwendungsmöglichkeit von fossilen Brennstoffen, besonders Schwelkoks, gelegt, da diese Brennstoffe in ausreichendem Maße zur Verfügung stehen und ihre Verwendung vom volkswirtschaftlichen Standpunkt aus sogar geboten erscheint. Daneben wurde jedoch auch das Holz und die Holzkohle als Brennstoff für Gaserzeuger behandelt, wenn auch die Verwendung von Holz zu Brennzwecken eingeschränkt werden soll und sich in Zukunft wohl vorwiegend auf waldreiche Gegenden beschränken wird. Immerhin verdient der Holz- und Holzkohlen-Gaserzeuger noch deshalb Beachtung, da hier die Entwicklung zum Hochleistungs-Gaserzeuger am weitesten fortgeschritten ist und bei einer sachgemäß ausgeführten Anlage selbst im Fahrzeugbetrieb restlos zufriedenstellend arbeitet, während diese Entwicklung bei den fossilen Brennstoffen erst in den Anfängen steht.

An Hand theoretischer Betrachtungen und Wiedergabe von Versuchsergebnissen werden Maßnahmen zur Leistungssteigerung besprochen. Anschließend wird eine Berechnung der Abmessungen von Gaserzeugern unter Berücksichtigung der vorliegenden Versuchsergebnisse angegeben. An ausgeführten Anlagen für die verschiedenen Brennstoffe wird die Entwicklung von Gaserzeugern und Reinigungsanlagen gezeigt. Zum Schlusse folgen wirtschaftliche Betrachtungen über die Verwendungsmöglichkeit von Gaserzeugern im Fahrzeugbetrieb. Die Bearbeitung dieses Abschnittes haben Herr Dipl.-Ing. Strommenger und Herr Dipl.-Ing. Zahn, Dortmund, unter Verwertung von Betriebsergebnissen in dankenswerter Weise übernommen.

Für die Korrektur bin ich Herrn Dipl.-Ing. Hermanny, Darmstadt, zu Dank verpflichtet, der auch die thermisch-theoretische Berechnung des Otto-Verfahrens durchgeführt hat. Mein Dank gilt auch der Verlagsbuchhandlung Julius Springer, die die Ausstattung des Buches in gewohnt vorbildlicher Weise durchführte.

Möge das Buch seine Aufgabe, einen zusammenfassenden Überblick über das Fachgebiet zu geben, erfüllen und den Fachmann zur Weiterarbeit anregen!

Darmstadt, im Juni 1937.

H. Finkbeiner.

Inhaltsverzeichnis.

A. Einleitung . . . . 1—3
  1. Die Bedeutung der Gaserzeuger für die deutsche Kraftstoffwirtschaft 1
  2. Kennzeichnende Merkmale der Hochleistungs-Gaserzeuger 2
B. Die Brennstoffe . . . . 3—10
  1. Teerfreie Brennstoffe: Holzkohle, Torfkoks, Braunkohlenschwelkoks,
     Steinkohlenschwelkoks, Anthrazit 4
  2. Teerhaltige Brennstoffe: Holz, Braunkohlenbrikett, Steinkohle . . . 8
C. Die Vorgänge im Gaserzeuger . . . . 10—37
  1. Oxydation und Reduktion, die Gleichgewichtszustände 10
  2. Die Reaktionsfähigkeit der Brennstoffe, ihre Veränderung im Betriebe 16
  3. Die Schwelgase bei teerhaltigen Brennstoffen, ihre Zusammensetzung 19
  4. Die Gasführung im Gaserzeuger, Abwärts-, Aufwärts- und Querver-
     gasung 22
  5. Die Verbrennungsrückstände und ihre Beseitigung, Asche- und
     Schlackenbildung 25
  6. Die Werkstoffe für den Bau von Gaserzeugern 28
  7. Die Gaszusammensetzung bei verschiedenen Brennstoffen 32
D. Die Gasmaschinen . . . . 37—54
  1. Die motorische Verbrennung des Gases, Gemischheizwert und Zünd-
     geschwindigkeit 37
  2. Verdichtung, Vorzündung und Zünddruck, theoretische Berechnung
     und praktische Erfahrungswerte 42
  3. Temperatur und Druck in der Gasleitung, Gemischbildung 50
E. Die Gaserzeugerbelastung . . . . 55—60
  Dauerbelastung, Mindestbelastung und Trägheit bei Lastwechseln,
  die Berechnung der Gaserzeuger nach neueren Erfahrungswerten.
F. Die Entwicklung der Hochleistungsgaserzeuger . . . . . 60—71
  1. Holzgaserzeuger, Bauarten von Imbert, Humboldt-Deutz, Orenstein
     & Koppel, Kleingaserzeuger von Hansa 60
  2. Holzkohlengaserzeuger, Bauarten von Hiag (Abogen), Hansa, Wisco,
     Orenstein & Koppel 64
  3. Braunkohlenschwelkoks, Bauarten von Wisco, Hansa-Universalgas-
     erzeuger, Humboldt-Deutz 67
  4. Steinkohlenschwelkoks, Bauarten von Krupp-Westwaggon, Humboldt-
     Deutz 69
G. Die Gasreinigung und -kühlung . . . . 72—81
  Prallblechreiniger, Tuchfilter, Schleuderreiniger, Vorsatzkühler, Gaswäscher.
H. Der Betrieb der Gaserzeuger . . . . 81—89
  1. Das Anblasen 81
  2. Das Reinigen der Gaserzeuger 83
  3. Die Zündung, Kerzenauswahl 84
  4. Störungen im Betrieb 86
  5. Fahrtechnik 87
  6. Brennstoffverbrauch und Brennstoffkosten 88
J. Die Wirtschaftlichkeit der Fahrzeuggaserzeuger . . . . . 90—99
  Betriebskosten von Holz- und Holzkohlenbetrieb auf Grund neuester
  Betriebsergebnisse, Vergleich mit den Kosten bei Dieselbetrieb unter
  Berücksichtigung der Steuervergünstigungen und der Beschaffungs-
  zuschüsse.
Schrifttum 99

A. Einleitung.

1. Die Bedeutung der Gaserzeuger für die deutsche Kraftstoffwirtschaft.

Mit der zunehmenden allgemeinen Gesundung der deutschen Wirtschaft wuchs auch das Bedürfnis nach einer Reihe von Verbrauchsgütern. Dank der weitgehenden Förderung durch die maßgebenden Stellen steht unter diesen Gütern das Kraftfahrzeug mit an erster Stelle. Damit wuchs aber auch der Bedarf an den erforderlichen Treibstoffen, die auch heute noch zum größten Teil vom Auslande eingeführt werden müssen. Zu den im Kraftfahrwesen benötigten Treibstoffmengen kommen noch die hinzu, die der Betrieb ortfester Motoren erfordert. Auch diese Zahl ist im Steigen begriffen. Zwangläufig verlangte daher die zunehmende Motorisierung der Betriebe als auch des Verkehrs eine Förderung der deutschen Treibstoffwirtschaft, die im Rahmen des Vierjahresplans im Vordergrund steht. Hierbei gilt es zunächst die Eigenerzeugung der Leichtkraftstoffe zu fördern, da hierfür die wirtschaftlichen Voraussetzungen am leichtesten zu erfüllen sind. Diese Leichtkraftstoffe dienen heute vorwiegend als Treibstoffe für Personenkraftwagen, Leichtlastwagen, Krafträder und Flugzeuge, während für die Schwerlastwagen der Vergasermotor mit Rücksicht auf die Betriebskosten weitgehend durch den Dieselmotor ersetzt wurde. Dadurch erfuhr die Treibstoffeinfuhr lediglich insofern eine geringe Entlastung, als der mengenmäßige Bedarf an Dieseltreibstoff bezogen auf die Leistungseinheit etwas geringer ist als bei Leichtkraftstoffen. Auch dieser Bedarf muß jedoch heute fast ausschließlich durch Einfuhr gedeckt werden, die noch durch erhebliche Treibstoffmengen zum Antrieb ortfester Dieselmotoren eine weitere Steigerung erfährt.

Wenn auch die Eigenerzeugung von Dieseltreibstoffen aus heimischen Rohstoffen an sich möglich ist, so liegt die Schwierigkeit besonders in der Preisfrage und ferner darin, daß erst umfangreiche Anlagen erstellt werden müssen, so daß es sich lohnt, vorerst nach anderen Möglichkeiten Umschau zu halten.

Die einfachste Lösung ist die Verwendung von Flaschengas in Form von Preß- oder Flüssiggas. Die Nachteile liegen jedoch bei Preßgas an dem geringen Aktionsradius des Fahrzeuges und an den hohen Kosten der Verdichter- und Abfüllstellen, während bei Flüssiggas leider die Preisfrage ein Hinderungsgrund für eine allgemeine Verwendung im

Schwerlastverkehr darstellt. Auch für ortfeste Motoren dürfte eine allgemeine Verwendung von Stadtgas an der Preisfrage scheitern. Nur bei Vorliegen besonders günstiger Tarife kann eine derartige Verwendung in Betracht gezogen werden.

Somit sind die Voraussetzungen für eine gesteigerte Verwendung von Eigenerzeugungsanlagen für Gas sowohl für ortfesten als auch für Kraftfahrzeugbetrieb gegeben. Im ortfesten Betrieb haben sich die Gaserzeuger bereits in einer langen Betriebszeit gut bewährt und sind zu Unrecht in den letzten Jahrzehnten durch den allerdings einfacheren Dieselmotor weitgehend verdrängt worden. Zu Unrecht deshalb, weil auch heute noch der Sauggasbetrieb bei ortfesten Anlagen an Wirtschaftlichkeit dem Betrieb mit flüssigen Kraftstoffen überlegen ist. Also verdient schon aus diesem Grund der Gaserzeugerbetrieb für ortfeste Motoren eine zusätzliche Förderung.

Ein neues Verwendungsgebiet des Gaserzeugers stellt jedoch der Betrieb von Kraftfahrzeugen dar, dessen Entwicklungszeit erst wenige Jahre zurückreicht. Diese Verwendung setzte jedoch die Neuentwicklung von Gaserzeugung voraus, deren Aufbau dem Fahrzeugbetrieb angepaßt werden mußte. Diese Entwicklung erfolgte in Deutschland im wesentlichen in den letzten 5 Jahren, während sich andere Länder bereits schon früher mit diesem neuen Aufgabengebiet befaßt haben.

Bisher beschränkte sich in Deutschland der Gaserzeugerbetrieb von Kraftfahrzeugen in der Hauptsache auf ältere Fahrzeuge, in die erst nachträglich der Gaserzeuger eingebaut wurde, obgleich ein derartiger Umbau vielfach nicht als glücklich bezeichnet werden und nur in beschränktem Umfange zu einem befriedigenden Erfolg führen kann. Ein einwandfreies Arbeiten bedingt die Ausrüstung von Fahrzeugen mit geeigneten Motoren und Gaserzeugern, was größtenteils nur bei neuen Wagen möglich ist. Hindernd steht bisher der geringe preisliche Vorteil hinsichtlich der Betriebskosten gegenüber dem Dieselmotor im Wege, so daß sich auch trotz der Steuervergünstigungen nicht genügend Anreiz zur weitergehenden Einführung des Gaserzeugerbetriebs bot. Aber es steht zu erwarten, daß außer den bisherigen Vorteilen bei der Verwendung heimischer Treibstoffe und teilweise auch Abfallstoffe im Laufe der Entwicklung noch andere Gesichtspunkte die weitere Einführung des Gaserzeugerbetriebs fördern helfen, so daß es notwendig erscheint, zielbewußt auch dieses Anwendungsgebiet weiter zu bearbeiten.

2. Kennzeichnende Merkmale der Hochleistungs-Gaserzeuger.

Die Verwendungsmöglichkeit eines Gaserzeugers für den Fahrzeugbetrieb setzte die Weiterentwicklung zum Hochleistungs-Gaserzeuger voraus. Diese unterscheiden sich von den sonst üblichen Bauarten in der Hauptsache durch folgende Merkmale:

1. Die Gasleistung und damit im Zusammenhange der auf den Schachtquerschnitt bezogene stündliche Brennstoffdurchsatz wurde erheblich gesteigert. Dies bedingte eine genaue Beachtung der Strömungsverhältnisse im Schacht und eine Ausnützung sämtlicher Möglichkeiten zur Erzielung eines hochwertigen Gases. Infolge der damit verbundenen Temperatursteigerung wuchs jedoch die Gefahr der Schlackenbildung. Auch hier mußten zum Teil neue Wege beschritten werden.

2. Geringes Gewicht und geringer Raumbedarf führten zu ganz neuen Bauarten, die zum Teil die Verwendung neuer Baustoffe erforderlich machten.

3. Einfacher Aufbau und leichte Bedienung.

4. Schnelle Betriebsbereitschaft. Während die Inbetriebnahme ortfester Gaserzeuger üblicher Bauart bis zu $^1/_2$ h oder darüber dauerte, wurden diese Zeiten beim Hochleistungs-Gaserzeuger auf 5 bis 10 min verkürzt.

5. Die Verwendungsmöglichkeit im Fahrzeugbetrieb verlangte eine rasche Anpassungsfähigkeit an Lastwechsel. Durch entsprechende Formgebung des Schachtes im Feuerraum konnte dies erreicht werden.

6. Für die Gasreinigung wurden infolge der beschränkten Platzverhältnisse neue Einrichtungen erforderlich, die bei geringstem Raumbedarf einen weitgehenden Reinheitsgrad des Gases ergeben mußten, wenn der Verschleiß der rasch laufenden Motoren in tragbaren Grenzen bleiben sollte. Gleichzeitig mußte die Entleerung der Reiniger auf einfachste Weise ermöglicht werden, um den Wartungsbedarf auf ein Mindestmaß zu beschränken.

Diese Entwicklung zum Hochleistungs-Gaserzeuger brachte eine Reihe wertvoller neuer Erkenntnisse, die andererseits auch auf den Bau größerer ortfester Gaserzeuger nutzbringend angewendet werden können und auch schon angewendet worden sind, da auch bei größeren Anlagen die Entwicklung zum Hochleistungs-Gaserzeuger zwangläufig erfolgen wird.

So ist unter anderem der Hochleistungs-Gaserzeuger, der zunächst für den Fahrzeugbetrieb entwickelt wurde, dazu berufen, auch als Kleingaserzeuger beim Antrieb ortfester Motoren kleiner und mittlerer Leistung mit Erfolg verwendet zu werden, und den Bau größerer ortfester Anlagen fortschrittlich zu beeinflussen.

B. Die Brennstoffe.

Grundsätzlich ist es möglich, jeden festen Brennstoff in einem Gaserzeuger zu vergasen. Die Eignung der Brennstoffarten ist jedoch verschieden hinsichtlich der Gaszusammensetzung, Asche- und Schlackenabsonderung usw. Daher muß vor allem die Gaserzeugerbauart der

Eigenschaft des Brennstoffs angepaßt werden. Man kann hier zwei Hauptgruppen von Brennstoffen unterscheiden: Teerfreie Brennstoffe oder wenigstens teerarme, und teerhaltige Brennstoffe. Zu den ersteren zählen die Kokse aus Braun- und Steinkohle, ferner Torfkoks und Holzkohle, außerdem Anthrazit, der zwar in der Regel nicht ganz teerfrei, aber teerarm ist. Unter den teerhaltigen Brennstoffen steht das Holz an erster Stelle. Ferner sind noch Torf, Braunkohlenbrikett und Steinkohle zu nennen. Die Verwendung von Braunkohlenbriketts in Hochleistungs-Gaserzeugern macht jedoch noch erhebliche Schwierigkeiten, auch für die Verwendungsmöglichkeit von Torf sind zwar Versuche gemacht worden, die aber noch kein ausreichendes Bild für eine endgültige Beurteilung ermöglichen. Steinkohle kann ebenfalls nur bedingt in Frage kommen und von Magerkohle vorläufig höchstens bestimmte Sorten.

Die Verwendungsmöglichkeit eines Brennstoffs ist insbesondere an eine gute Reaktionsfähigkeit gebunden, d. h. an die Fähigkeit, sich leicht zu entzünden und die Oxydationsprodukte bei entsprechenden Temperaturen wieder zu spalten und auf diese Weise den Anteil der brennbaren Gase Wasserstoff und Kohlenoxyd zu steigern. Die Reaktionsfähigkeit ist bei den genannten Brennstoffen recht verschieden, weshalb erhebliche Unterschiede bei den einzelnen Gasarten vorhanden sind. Grundsätzlich steigt der Heizwert des Gases mit der Reaktionsfähigkeit, die in erster Linie von dem Entstehungsalter des Brennstoffs abhängig ist. Die jüngsten Brennstoffe wie Holz und Holzkohle sind durchweg am reaktionsfähigsten, während die Brennstoffe nach den Steinkohlen hin immer reaktionsträger werden. Bei den Koksen sind die Garungstemperaturen vielfach bestimmend für ihre Reaktionsfähigkeit. Niedertemperaturkokse, also Schwelkokse, haben wesentlich bessere Eigenschaften als Hochtemperaturkoks (Zechen- oder Gaskoks). Näheres über Reaktionsfähigkeit siehe S. 16 f.

Anschließend sollen nun für die hauptsächlichsten Brennstoffe nähere Angaben gemacht werden:

1. Teerfreie Brennstoffe.

Holzkohle. Während früher die Holzkohle ausschließlich in Kohlenmeilern gewonnen wurde, hat heute dieses Gewinnungsverfahren gegenüber der industriellen Erzeugung in Öfen oder Retorten an Bedeutung verloren. Ein Nachteil des Meilerns ist der, daß die wertvollen Bestandteile des Holzes, die sich bei der Erhitzung verflüchtigen, verloren gehen, so der Holzessig, Holzgeist und Holzteer, ferner die brennbaren Destillationsgase. Vom volkswirtschaftlichen Standpunkt aus verdient also die industrielle Verkohlung den Vorzug, wenn auch in Einzelfällen, z. B. bei schwierigen Transportverhältnissen, das Meilerverfahren noch mit Vorteil in Anwendung gebracht werden kann.

Die Güte der Holzkohle richtet sich nach der Endtemperatur und der Geschwindigkeit der Verkohlung. Aus dem Aussehen der Kohle kann auf die Verkohlungstemperatur geschlossen werden. Hohe Temperaturen steigern zwar den reinen Kohlenstoffgehalt der Holzkohle, ergeben aber eine braunschwarze, leicht bröckelnde Kohle, die unter mechanischen Einflüssen (Erschütterungen) leicht in Pulverform zerfällt und für den Betrieb eines Gaserzeugers unbrauchbar ist. Eine gute reaktionsfähige Holzkohle muß von tiefschwarzer Farbe sein und beim Aufschlagen einen metallischen Klang ergeben.

Holzkohle ist vollständig schwefelfrei, enthält aber stets noch gewisse Mengen flüchtiger Bestandteile, deren Menge um so größer ist, je niedriger die Verkohlungstemperatur war. Außerdem besitzt die Holzkohle stets einen gewissen Wassergehalt. Ihre chemischen und physikalischen Kennzahlen sind, auf wasserfreie Substanz bezogen, folgende:

Zusammensetzung:	Kohlenstoff	84%
	Wasserstoff	2,7%
	Sauerstoff	12,9%
	Stickstoff	0,4%
Unterer Heizwert.		6600—7000 kcal/kg
Aschegehalt		0,8—1%
Wassergehalt.		6—8%
Schüttgewicht		240—280 kg/m³

Die Asche fällt in lockerer Pulverform an und wird zum Teil mit dem Gas mitgerissen und muß dann in den Reinigern ausgeschieden werden.

Buchenholzkohle ist der Nadelholzkohle vorzuziehen, da sie eine größere Festigkeit besitzt und keinen so großen Abrieb beim Transport und im Gaserzeuger ergibt.

Torfkoks. Zu seiner Gewinnung wird maschinengeformter lufttrockener Hochmoortorf bei Temperaturen zwischen 300° und 600° C destilliert. Dabei werden zwischen 100° und 200° die Wassermengen, die bei lufttrockenem Torf im allgemeinen 25 bis 30% des Brennstoffgewichtes ausmachen, frei. Bei steigenden Temperaturen wird gleichzeitig Kohlensäure abgeschieden und zwischen 280° und 500° C entweichen die teerigen Bestandteile unter gleichzeitiger Schwarzfärbung des restlichen Kokses. Neben dem Teer entstehen noch andere Nebenprodukte wie Gas und Essigsäure.

Torfkoks stellt einen sehr reaktionsfähigen Brennstoff dar, der seinem Verhalten nach der Holzkohle nahe kommt. Es ist ein poröser Stoff von stumpfgrauer Farbe und wird bisher nur an einer Stelle (Elisabethfehn bei Oldenburg) fabrikmäßig hergestellt. Seine Gewinnung stellt eine Möglichkeit der Torfmoorverwertung dar, die im Zusammenhang mit der Urbarmachung der Moore auch sonst noch wirtschaftliche Vorteile verspricht. Der Torfkoks besitzt folgende Kennzahlen:

```
Zusammensetzung: Kohlenstoff  . . . . 80—85%
                 Wasserstoff  . . . . 2%
                 Sauerstoff . . . . . 6%
Unterer Heizwert . . . . . . . . . . . . 7000—7500 kcal/kg
Aschegehalt  . . . . . . . . . . . . . . 3—4%
Schwefel- + Phosphorgehalt . . . . . . . 0,35%
Flüchtige Bestandteile  . . . . . . . . 15%
Wassergehalt . . . . . . . . . . . . . . 6%
Schüttgewicht  . . . . . . . . . . . . . 250—325 kg/m³
```

Bei niederen Temperaturen im Gaserzeuger ist die Asche weiß und pulverförmig und kann leicht etwa durch Rütteln eines Rostes entfernt werden. Bei hohen Vergasungstemperaturen bildet sich ein Schlackenkuchen, der sich mühelos zerbröckeln läßt.

Braunkohlenschwelkoks. Die Braunkohle wird in Brikettform bei Temperaturen bis etwa 550° C unter Luftabschluß erhitzt, d. h. entschwelt. Als Rückstand erhielt man früher einen feinkörnigen Koks, den Grudekoks, dessen Absatzmöglichkeit jedoch beschränkt ist. Neuerdings ist es indes gelungen, einen grobstückigeren Hartkoks zu erzeugen, dessen anfallende Menge bei dem vorgesehenen Ausbau der Schwelanlagen Mitteldeutschlands mehr und mehr wächst. Von der Riebeck-Kohle-Gesellschaft in Halle wird ein Hartkoks geliefert, dessen Verkokung freilich bei höheren Temperaturen erfolgt, so daß die Ausbeute an Schwelprodukten höher liegt als beim normalen Schwelverfahren. Ein ähnlicher Koks wird von der Brikett- und Kohlehandelsgesellschaft Leipzig unter der Bezeichnung „Brikozit" geliefert. Bei dem Schwelvorgang entweichen Wasserdampf und Schwelgase, der Schwelkoks bleibt als Rest zurück. Die kondensierbaren flüchtigen Bestandteile des Gases werden niedergeschlagen, und der entstehende Schwelteer wird durch Destillieren oder Hydrieren in Motortreibstoffe umgewandelt.

Die Reaktionsfähigkeit des Schwelkokses ist eine sehr gute und bleibt auch bei hohen Temperaturen im Gaserzeuger erhalten. Die Kennzahlen sind folgende:

```
Unterer Heizwert . . . . . . . . . . . . 5600—6000 kcal/kg
Wassergehalt . . . . . . . . . . . . . . 10—12%
Aschegehalt  . . . . . . . . . . . . . . 20—22%
Gesamter Schwefelgehalt  . . . . . . . . 3—4%
Körnung  . . . . . . . . . . . . . . . . 10—30 mm
Aschenschmelzpunkt . . . . . . . . . . . 1170° C
Schüttgewicht  . . . . . . . . . . . . . 750—800 kg/m³
```

Auch dieser Brennstoff enthält noch geringe Mengen flüchtiger Bestandteile, ist aber praktisch teerfrei. Nachteilig ist sein hoher Aschegehalt. Die Asche fällt zum Teil als Staub an, bildet aber in der Feuerzone (an der Luftzutrittstelle) einen mehr oder weniger harten Schlackenkuchen, der sich auch an den Wandungen festsetzt. Die Konstruktion des Gaserzeugers muß so gewählt werden, daß der Gasdurchtritt stets frei von Schlackenbrücken bleibt. Dies ist soweit möglich, so daß sich die Zeiten für die immerhin notwendige Entschlackung in tragbaren Grenzen halten.

Ferner ist der Schwefelgehalt des Brennstoffs beachtlich. Ein Teil des Schwefels geht zwar in die Verbrennungsrückstände über, ein anderer Teil jedoch in das Gas vor allem in Form von Schwefelwasserstoff über. Dieser Teil muß durch geeignete Einrichtungen entfernt werden, da sonst bei Abkühlung des Gases unter den Taupunkt Korrosionen in den Gasleitungen und in den Maschinenzylindern die Folge sind.

Steinkohlenschwelkoks. Dieser Brennstoff wird in ähnlicher Weise wie der Braunkohlenschwelkoks gewonnen. Er unterscheidet sich jedoch von letzterem darin, daß zwar zunächst seine Reaktionsfähigkeit recht gut ist aber bei höheren Temperaturen mit der Umwandlung des Brennstoffs in Hochtemperaturkoks allmählich absinkt. Eigentümlich für diesen Brennstoff ist die Tatsache, daß infolge des großen Anteils an flüchtigen Bestandteilen das Anheizen des Gaserzeugers sehr rasch erfolgt, daß ferner bereits nach kurzer Betriebszeit der Motor eine recht gute Leistung zeigt, die dann aber allmählich etwas absinkt. Besonders bei wechselnder Belastung und nach Betriebspausen macht sich die geringere Reaktionsfähigkeit nachteilig bemerkbar. Durch Niedrighalten der Schachtbelastung kann dieser Nachteil gemildert werden.

Zusammensetzung der aschefreien Substanz:

Kohlenstoff	89 —93%
Wasserstoff	3,8— 4,2%
Schwefel	1 — 1,2%

Weitere Kennzahlen sind:

Flüchtige Bestandteile	8—12%
Asche	4— 8%
Unterer Heizwert	7300—7600 kcal/kg
Körnung	8—20 mm
Schüttgewicht	400—440 kg/m³
Ascheschmelzpunkt	1180—1380° C

Mittlere Zusammensetzung der Asche:

SiO_2	40%	Fe_2O_3	20%	Alkalien	4%
Al_2O_3	30%	CaO	2%	Rest	4%

Die Asche sintert zu einem Schmelzfluß zusammen und kann bei unrichtiger Gasströmung den Gasdurchtritt allmählich hemmen. Dabei backt die Schlacke mit unverbranntem Brennstoff zu einem Kuchen zusammen. Versuche haben jedoch ergeben, daß eine Beseitigung dieser Schwierigkeit durch eine entsprechende Gasführung möglich ist.

Anthrazit. Unter Anthrazit versteht man die gasärmste und kurzflammigste Steinkohle, die man auch als Sandkohle bezeichnet. Infolge ihres geringen Gehaltes an flüchtigen Bestandteilen zählt sie zu den Magerkohlen und hat keine Backfähigkeit. Sie gehört geologisch zu den ältesten Kohlen und hat demnach eine nur geringe Reaktionsfähigkeit. Im übrigen gleicht sie in ihrem Verhalten dem Steinkohlenschwelkoks. Sie hat folgende Eigenschaften:

Zusammensetzung der aschefreien Substanz:

Kohlenstoff	90 —92%
Wasserstoff	3,8— 4,2%
Schwefel	1 — 1,2%
Sauerstoff + Stickstoff	2 — 4%
Flüchtige Bestandteile	7 —11%
Unterer Heizwert	7600—7800 kcal/kg
Asche	5—9%
Aschenschmelzpunkt	1180—1380° C
Schüttgewicht	850—880 kg/m³

Die günstigsten Ergebnisse erhält man mit feinstückigem Anthrazit. Aber auch hier sinkt die Reaktionsfähigkeit, wenn die Kohle hohen Temperaturen ausgesetzt war und in Hochtemperaturkoks verwandelt wurde.

Im allgemeinen enthält das Gas kleine Teermengen, die man aber in Kauf nehmen kann.

2. Teerhaltige Brennstoffe.

Holz. Die Entwicklung der Hochleistungs-Gaserzeuger nahm in Deutschland ihren Ausgang vom Holzgaserzeuger. Holz stellt einen leicht zu beschaffenden Brennstoff dar und eignet sich sehr gut für die Vergasung. Allerdings bestehen zwischen den verschiedenen Holzarten erhebliche Unterschiede, nicht jedes Holz ist gleich gut geeignet. Vor allem sind Abfälle in Form von Säge- und Hobelspänen für Hochleistungs-Gaserzeuger unbrauchbar, sie lassen sich nur in ortfesten niedrig beanspruchten Gaserzeugern zufriedenstellend verwenden.

Jedes Holz muß lufttrocken sein, d. h. der Feuchtigkeitsgehalt soll nicht mehr als 20% betragen. Unter Umständen kann man noch bis 30% gehen, muß aber dann eine geringere Güte des Gases und einen erhöhten Holzkohlenverbrauch in Kauf nehmen. Die günstigsten Resultate erhielt man bei einem Feuchtigkeitsgehalt von 10 bis 12%.

Am besten eignet sich Buchenholz, und zwar als Stückholz oder als Astholz, sofern der Anteil der Rinde nicht zu hoch ist. Zu lange und dünne Aststücke sollten nicht verwendet werden. Die Stückgröße richtet sich nach den Abmessungen des Gaserzeugerschachtes und kann im Mittel zu $8 \times 8 \times 10$ cm angenommen werden. Buchenholz ergibt eine gute formbeständige Holzkohle, während die Weichhölzer eine leicht zerreibliche Holzkohle bilden und daher zweckmäßig nur in Mischung mit Buchenholz (25 bis 30% Weichholz) Verwendung finden sollten. Die Formbeständigkeit der Holzkohle nimmt mit der Härte des Holzes zu, jedoch kann diese Härte bei ein und derselben Holzart je nach der Herkunft wechseln. Es eignet sich z. B. Buchenholz, das in bergiger Gegend gewachsen ist, besser als solches, das den Niederungen, besonders einer feuchten Gegend, entstammt.

Hinsichtlich der Gaszusammensetzung kann man unter den einzelnen Holzarten keine wesentlichen Unterschiede feststellen. Weichholz läßt sich etwas leichter entgasen und weist daher bei stark wechselnder Last gewisse Vorteile auf. Auch mit Eichenholz konnten gute Ergebnisse erzielt werden. Es bildet sich dabei eine sehr harte Holzkohle, die sich lange Zeit formbeständig hält.

Untersuchungen haben ergeben, daß der Heizwert der verschiedenen Holzarten, auf die Trockensubstanz bezogen, nahezu gleich ist und im Mittel mit 4500 kcal/kg angenommen werden kann. Der tatsächliche (untere) Heizwert richtet sich demnach nach dem Wassergehalt; er liegt bei lufttrockenem Holz zwischen 3500 bis 3800 kcal/kg.

Holz gibt eine sehr lockere Asche und besitzt einen niederen Aschengehalt von weniger als 1%. Diese Asche wird zum Teil mit dem Gas mitgerissen oder backt mit dem Holzkohlenstaub zu leicht zerreiblichen Stücken zusammen, die sich in dem vom Gasstrom nicht bestrichenen Teil der Holzkohlenschicht ansammeln und bei der erforderlichen periodischen Erneuerung der Holzkohle entfernt werden.

Die Stückgröße des Holzes muß, wie bereits angedeutet, der Größe des Gaserzeugers angepaßt werden. Der Einfluß auf die Gaszusammensetzung ist innerhalb weiter Grenzen unerheblich. Zu grobstückiges, kantiges Holz bildet im Gaserzeuger leicht Brücken und Hohlräume. Dies wird besonders dann nachteilig, wenn der Anblasevorgang aus besonderen Gründen zu lange dauert. In diesem Falle muß die Brückenbildung durch Nachstochern zerstört werden. Letzteres empfiehlt sich auch nach längeren Betriebspausen.

Zusammensetzung des Holzes (Buchenholz, wasserfrei):

Kohlenstoff	46,6%	Asche	0,6%
Wasserstoff	5,8%	Schüttgewicht	300—400 kg/m³
Sauerstoff + Stickstoff	45,0%		

Braunkohlenbrikett. Diese Briketts werden hergestellt aus erdigen Braunkohlen mit einem bestimmten Bitumengehalt durch Pressen der vorgetrockneten Rohkohle. Ihre Verwendung im Hochleistungs-Gaserzeuger ist noch im Versuch, weshalb noch keine genauen Angaben über ihre Eignung gemacht werden können. Nach den vorliegenden Untersuchungen dürfte es sich um einen Brennstoff von guter Reaktionsfähigkeit handeln; die Schwierigkeit liegt in der Spaltung der Teerdämpfe, da im allgemeinen der Anteil der teerbildenden Bestandteile des Schwelgases recht hoch ist.

Zusammensetzung (rheinische Braunkohlenbriketts):

Kohlenstoff . . .	53 —56%	Asche	3—6%
Wasserstoff . . .	3,5— 4,5%	Aschenschmelzpunkt .	1180° C
Sauerstoff. . . .	20 —22%	Flüchtige Bestandteile	42—46%
Stickstoff	0,3— 0,6%	Unterer Heizwert . .	4700—4900 kcal/kg
Schwefel	0,3— 0,5%	Schüttgewicht je nach	
Wasser	13 —16%	Stückgröße	700—800 kg/m³

Zur sicheren Zersetzung der teerhaltigen Bestandteile müssen hohe Feuerraumtemperaturen gewählt werden, die über dem Schlackenschmelzpunkt liegen. Die Schwierigkeit liegt infolgedessen in der Ausscheidung der Schlacke, die sich leicht zu Klumpen zusammenballt und den Gasdurchtritt erschwert.

Steinkohle. Wie weit sich diese für den Betrieb von Hochleistungs-Gaserzeugern verwenden läßt, ist noch fraglich. Grundsätzlich können nur nichtbackende Kohlen, also Magerkohlen verwendet werden, da sonst das Nachrutschen des Brennstoffes unmöglich wird. Wenn auch bei eigenen Versuchen eine Mischung aus Gasflammkohle und Koks mit einigem Erfolg sich verwenden ließ, so sind diese Versuche jedoch noch lange nicht abgeschlossen. Jedenfalls erscheint es nicht unmöglich, auch hier Wege zu finden.

Eine Schwierigkeit bleibt jedoch bestehen, daß beim Übergang auf Hochtemperaturkoks die Reaktionsfähigkeit wie bei allen geologisch älteren Brennstoffen absinkt.

C. Die Vorgänge im Gaserzeuger.

1. Oxydation und Reduktion (Vergasung).

Das Gas, das in den Gaserzeugern gewonnen wird, bezeichnet man als Mischgas; zu seiner Bildung wird dem Gaserzeuger gleichzeitig Luft und Wasser in Dampfform zugeführt. Letzteres kann dabei als Feuchtigkeit auch bereits im Brennstoff enthalten sein wie z. B. bei Holz und Braunkohlenbriketts. Zur Bildung eines derartigen Mischgases sind bestimmte Temperaturen notwendig; ferner werden bei bestimmten Umsetzungen entsprechende Wärmemengen gebunden. Die hierzu erforderlichen Wärmemengen müssen in der Oxydationsstufe frei gemacht werden, wobei im wesentlichen unter Einwirkung der Luft auf den Kohlenstoff nach der Verbrennungsgleichung: $C + O_2 \rightarrow CO_2$ als Endprodukt Kohlendioxyd entsteht. Bei der Verbrennung von 1 kg Kohlenstoff zu Kohlendioxyd werden 8130 kcal frei.

Die bei der Oxydation entstehenden Wärmemengen werden einesteils zur Deckung der Wärmeverluste, zum anderen Teil in der folgenden Reduktionsstufe zur teilweisen Umwandlung der entstandenen Oxydationsprodukte verwendet. Den Verbrennungsvorgang hat man sich folgendermaßen zu denken: Die Vereinigung des Brennstoffes mit dem

Luftsauerstoff verläuft auf der Oberfläche eines jeden Brennstoffteilchens. Infolge der frei werdenden Wärmemenge steigt die Temperatur. Unter Außerachtlassung der gleichzeitig abgestrahlten und abgeleiteten Wärmemengen strebt diese Temperatur einem eindeutig bestimmbaren Höchstwert zu, der auf ein Flächenelement der Brennstoffoberfläche bezogen einen von der Natur des Brennstoffs abhängigen Wert besitzt. Im praktischen Betrieb wird infolge der gleichzeitigen Wärmeabfuhr dieser Temperaturhöchstwert nur näherungsweise erreicht und ist weitgehend unabhängig von der Belastung des Gaserzeugers. Diese Temperaturen wurden nach eigenen Versuchen mittels eines Strahlungspyrometers an einigen Gaserzeugern mit absteigender Vergasung an der Luftzutrittsstelle gemessen. Die Temperaturen unterscheiden sich bei verschiedenen Belastungen des Gaserzeugers nur um etwa 100 bis 150° C. Dies ist für die Wasserstoffbildung, die noch besprochen werden wird, von besonderer Bedeutung. Der Brennstoff hinter der Verbrennungszone wird durch die von den Gasen mitgenommene Verbrennungswärme erhitzt, wodurch allmählich die Temperaturen in der ganzen Glühschicht ansteigen, aber von der Verbrennungszone ab mehr und mehr absinken.

Mit der Bildung von CO_2 aus C wächst einerseits die Temperatur in der Glühschicht, andererseits aber mit steigenden Temperaturen die Zerfallsneigung des CO_2 zu CO nach der Beziehung: $CO_2 + C \rightarrow 2\,CO$ unter Wärmebindung, wobei für 1 m² CO eine Wärmemenge, die sog. Bildungswärme, von 1710 kcal benötigt wird. Dieser Vorgang wird unterstützt durch die glühende Kohle und hat eine Temperaturerniedrigung zur Folge. Es arbeiten daher beide Vorgänge einander entgegen. Bei jeder Temperatur stellt sich ein Beharrungszustand ein, in welchem gerade soviel Wärme durch Zerspalten von CO_2 in CO verbraucht wie durch Bildung von CO_2 aus C erzeugt wird. Das Anteilverhältnis von CO zu CO_2 ist von der Temperatur abhängig, jedenfalls um so größer, je höher die Temperatur ist. Der Kohlenstoff kann also nur bei niedrigeren Temperaturen restlos zu CO_2 verbrennen, während bei höheren Temperaturen Zerfallsbestrebungen in niedrigere Oxydationsprodukte, also bei Kohlenstoff zu CO, eine restlose Verbrennung verhindern.

Selbst falls die den Zerfall von CO_2 beschleunigende Kohle fehlt, läßt sich die Bildung von CO bei hohen Temperaturen nicht verhindern. So wird z. B. in Brennkraftmaschinen trotz ausreichender Sauerstoffmenge in den Abgasen regelmäßig ein gewisser CO-Gehalt festgestellt. Das läßt sich nur mit dem Zerfall von CO_2 bei den hohen Verbrennungstemperaturen erklären und mit dem Mangel an Zeit für die Wiedervereinigung von CO mit O zu CO_2, die bei der während der Ausdehnung sinkenden Temperatur erwartet werden müßte. Übrigens wachsen infolge der Zerfallsneigung von CO_2 die Verbrennungstemperaturen bei weitem nicht so stark an, wie aus einer theoretischen Berechnung

(s. D 2, S. 42 f.) zu schließen wäre. Aus der Tatsache des CO-Gehaltes im Abgas einer Maschine auf eine „schlechte Verbrennung" schließen zu wollen, ist demnach unter Umständen irrig.

Die Reduktion von CO_2 beginnt etwa bei 500° C, erreicht aber erst bei 800° C genügend hohe Umsetzungsgeschwindigkeiten, die mit der Temperatur ansteigen und von der Art des Brennstoffes und dessen Korngröße abhängig sind. Je kleiner die Korngröße, um so leichter geht die Umsetzung an der vergrößerten aktiven Oberfläche des Brennstoffes vor sich. Eine Grenze der Korngröße nach unten ist allerdings durch die wachsenden Durchtrittswiderstände gegenüber dem Gas gesetzt.

Den Einfluß der Länge der Glühschicht zeigt ein Versuch des Verfassers mit Steinkohlenschwelkoks. Dabei wurden folgende Werte unter sonst gleichen Bedingungen gemessen:

Länge der Glüh-schicht in cm	Temp. t_g	CO	CO_2	H_2	CH_4	CO/CO_2
60	430	15,1	11	9,8	1,1	1,11
80	480	21,3	5,3	10,2	0,4	3,55

Eine Verlängerung der Glühschicht begünstigte daher die Reduktion von CO_2 zu CO, gleichzeitig sank bei diesem Versuch der Methangehalt.

Wie bereits angedeutet, ist die Beschaffenheit des Brennstoffes selbst auf die Umsetzung von ganz wesentlichem Einfluß, worüber im nächsten Abschnitt näheres gesagt werden wird.

Der Gleichgewichtszustand zwischen Kohlenoxyd und Kohlendioxyd wird als Kohlensäuregleichgewicht bezeichnet und folgt der Beziehung

$$\frac{(CO)^2}{CO_2} = P \cdot K_k .$$

In diese Gleichung sind die Gase in Raumteilen einzusetzen. Das Verhältnis $\frac{(CO)^2}{CO_2}$ ist vom Druck P im Gaserzeuger und von der Konstanten K_k des Kohlensäuregleichgewichtes abhängig. Da der Druck P nur ganz geringfügig schwankt, kann auch dieser Wert mit großer Annäherung als konstant angesehen werden. Die Konstante K_k ist stark abhängig von der Temperatur und beträgt[1]:

t °C	400	500	600	700	800	900	1000	1100
K_k	0,0002	0,009	0,144	1,366	8,15	34,52	115	331

Wie weit dieser Gleichgewichtszustand erreicht wird, hängt von einer ganzen Reihe der verschiedensten Einflüsse ab. Die wichtigsten sind dabei: die Bauart des Gaserzeugers, die Beschaffenheit des Brennstoffes und die Berührungsdauer zwischen Gas und Brennstoff. In vielen Fällen wird im Gaserzeuger nur ein Teilbetrag des theoretisch möglichen Wertes an CO_2 gespalten werden.

---

[1] Dolch: Wassergas S. 26.

Infolge der gleichzeitigen Gegenwart von Wasserdampf in einem Gaserzeuger findet noch eine weitere Umsetzung statt, wobei zwei Möglichkeiten gegeben sind:

$$C + H_2O \rightarrow CO + H_2 - 800 \text{ kcal je } 1 \text{ kg } H_2O\text{-Dampf};$$
$$C + 2\,H_2O \rightarrow CO_2 + 2\,H_2 - 520 \text{ kcal je } 1 \text{ kg } H_2O\text{-Dampf}.$$

In beiden Fällen wird also bei der Umsetzung Wärme gebunden.

Aus den hierzu vorliegenden Untersuchungen kann man schließen, daß neben der eingangs erwähnten Umsetzung von CO_2 in CO beide Umsetzungen tatsächlich gleichzeitig stattfinden. Die Wasserstoffbildung benötigt recht hohe Temperaturen, weshalb man annehmen muß, daß die Entstehung des Wasserstoffs an der Stelle höchster Temperaturen im Gaserzeuger erfolgt. Dies ist aber die Brennzone. Wie bereits anfangs erwähnt, schwanken dort die Temperaturen bei wechselnder Belastung nur in sehr engen Grenzen, so daß der Gehalt des Gases an Wasserstoff sich nur wenig bei verschiedenen Belastungen ändert. Für eine bestimmte Gaserzeuger- und Brennstofftype kann der Wasserstoffgehalt als kennzeichnend angesehen werden. Versuche, die in dieser Hinsicht an zwei Gaserzeugern mit absteigender Vergasung[1] unter Verwendung von Anthrazit und Steinkohlenschwelkoks durchgeführt wurden, bestätigen diese Ansicht. Man ist also berechtigt anzunehmen, daß (allerdings nur bei Verwendung von Brennstoffen, die keine oder nur sehr geringe Anteile von flüchtigen Bestandteilen enthalten) die Wasserstoffbildung in der Nähe der Brennzone erfolgt, während die Bildung von CO erst in den nachfolgenden Schichten vor sich geht. Ein Beweis für diese Folgerung ist der auf S. 12 wiedergegebene Versuch zum Nachweis einer Erhöhung des CO-Gehaltes durch Verlängerung der Glühzone.

Zu dem bereits erwähnten Gleichgewicht zwischen CO und CO_2 kommt noch ein zweites, das Wassergasgleichgewicht hinzu, dargestellt durch die Beziehung:

$$K_w = \frac{V_{CO} \cdot V_{H_2O}}{V_{CO_2} \cdot V_{H_2}},$$

wobei durch V die Raumteile des betreffenden Gases bezeichnet sind. Die Gleichgewichtskonstante K_w ist ebenfalls stark temperaturabhängig und beträgt:

t °C	727	927	1127	1227	1427	1727	2227
K_w	0,652	1,35	2,15	2,56	3,42	4,63	6,52

Auch hier ist die Strömungsgeschwindigkeit der Gase in der Feuerzone von Einfluß und damit die Berührungsdauer zwischen Gas und Brennstoff. Je länger diese Berührungsdauer ist, desto mehr nähert sich die Gaszusammensetzung dem Wassergasgleichgewicht. Außerdem kommt es noch auf die Korngröße des Brennstoffes und seine Oberflächen-

---

[1] Siehe Abschnitt C 4.

beschaffenheit (Porosität) an, auf die Länge des Gasweges in der Glühzone und insbesondere auf die Menge des zugesetzten Wasserdampfes.

Über diesen Einfluß liegen zahlreiche Versuche vor. Es ergab sich
bei einer[1]

Länge der Glühschicht	213 cm				
Brennstoffdurchsatz	574 kg Kohle/h				
Dämpfsättigungstemperatur . . .	60°	65°	70°	75°	80°
Verbrauchter Dampf in kg je kg Kohle	0,45	0,55	0,80	1,10	1,55
Davon gespalten %	87,4	80,0	61,4	52,0	40,0
Gaszusammensetzung:					
CO_2	5,25	6,95	9,15	11,65	13,25
CO	27,3	25,4	21,7	18,35	16,05
H_2	16,6	18,3	19,65	21,8	22,65
CH_4	3,35	3,4	3,4	3,35	3,5
N_2	47,5	45,9	46,1	44,83	44,55
Unterer Heizwert je m³ Gas . . .	1543	1433	1455	1405	1371

Bei diesem Versuch war die Luft bei den angegebenen Temperaturen
vollständig mit Wasserdampf gesättigt. Bei einer Steigerung des Wasser-
dampfzusatzes sank der CO-Gehalt rasch ab. Trotz der gleichzeitigen
Zunahme des Wasserstoffanteils ist ein Absinken des Heizwertes zu
bemerken.

Unter sonst gleichen Bedingungen wurde der Versuch wiederholt
mit einer

Länge der Glühschicht	106 cm, einem			
Brennstoffdurchsatz	1120 kg/h, einer			
Dampfsättigungstemperatur	45°	50°	55°	60°
Verbrauchter Dampf kg je kg Kohle . .	0,20	0,21	0,32	0,45
Davon gespalten %	100	95	100	76
Zusammensetzung:				
CO_2	2,35	2,5	4,4	5,1
CO	31,6	30,6	18,1	27,3
H_2	11,6	12,35	15,45	15,5
CH_4	3,05	3,0	3,0	3,05
N_2	51,4	51,55	49,05	49,05
Unterer Heizwert je m³ Gas	1517	1502	1506	1487

Der Einfluß der Verkürzung der Glühschicht wurde durch erhöhten
Brennstoffdurchsatz und damit durch erhöhte Temperaturen ausgeglichen. Die Veränderung der Wasserdampfmenge wirkt sich in ähn-
lichem Sinne aus wie im ersten Versuch. Der Heizwert des Gases wird
vorwiegend durch den CO-Gehalt beeinflußt. Die motorisch günstige
Gaszusammensetzung ergibt sich aus anderen Erwägungen (s. D 1).

Untersuchungen über den gleichzeitigen Einfluß wechselnder Strömungsgeschwindigkeiten im Schacht des Gaserzeugers liegen nur ganz
spärlich vor. Genaue zahlenmäßige Angaben fehlen so gut wie vollständig,

---

[1] Fischer: Kraftgas, 2. Aufl. S. 116.

so daß man vorerst nur auf allgemeine Beobachtungen angewiesen ist. Nach eigenen Untersuchungen an verschiedenen Gaserzeugern scheint die Reduktion von Wasserdampf, wie bereits erwähnt, in erster Linie an das Vorhandensein hoher Temperaturen gebunden zu sein, dagegen ist in diesem Falle die Gasgeschwindigkeit innerhalb gewisser Grenzen nur von geringem Einfluß. Bei der Kohlensäurereduktion scheinen jedoch die Verhältnisse gerade umgekehrt zu liegen. Hier darf eine gewisse höchstzulässige Strömungsgeschwindigkeit keinesfalls überschritten werden, wenn eine Reduktion in größerem Umfange erfolgen soll. Diese Beobachtungen legen weiterhin die Vermutung nahe, daß das Wassergasgleichgewicht sich nur dann einstellen kann, wenn gleichzeitig die Temperaturen und Strömungsgeschwindigkeiten die entsprechenden Werte besitzen. Andernfalls wird sich das Gleichgewicht besonders in Anwesenheit von überschüssigem H_2O stets zugunsten der unbrennbaren Gasbestandteile (CO_2) verschieben und das Gas verschlechtern. Diese Zusammenhänge bedürfen jedoch weiterer versuchsmäßiger Klarstellung, auch wäre eine genauere Kenntnis des zeitlichen Verlaufs der Gasumsetzungen im Schacht von Wichtigkeit.

Man hat bereits versucht[1], durch Absaugen von Gas in verschiedener Höhe des Gaserzeugers diesen zeitlichen Verlauf der Gasbildung zu ermitteln. Es wurde in verschiedener Höhe eine Gasprobe entnommen. Jedoch ist zu erwarten, daß bei der gleichzeitigen Abkühlung der Gasprobe sich ein neuer Gleichgewichtszustand einstellt, so daß die Zusammensetzung der Probe nicht mehr der Gaszusammensetzung im Schacht entspricht. Derartige Untersuchungen können daher zu falschen Schlüssen verleiten, weshalb man wohl allein darauf angewiesen sein wird, die Gesetze der Gasbildung aus der Zusammensetzung des Endgases abzuleiten.

Zusammenfassend darf man sich auf Grund der vorhandenen Versuchsunterlagen den Verlauf der Gasbildung folgendermaßen vorstellen:

a) Verbrennung in der Brennzone vorwiegend zu CO_2, wobei sich entsprechend dem Kohlensäuregleichgewicht gleichzeitig geringe Mengen CO bilden.

b) Unmittelbar anschließend an die Brennzone erfolgt die Wasserdampfreduktion an der Stelle höchster Temperatur. Die Wasserstoffbildung wird durch steigende Temperaturen begünstigt und ist im übrigen von den Eigenschaften des Brennstoffes abhängig.

c) Die durch das Wassergasgleichgewicht bedingte Reduktion von CO_2 in CO verläuft beim Durchströmen des Gases durch die Glühschicht und ist im allgemeinen erst beim Gasaustritt aus dem Gaserzeuger beendigt, sofern nicht die Temperaturen im Schacht bereits früher zu niedere Werte angenommen haben. Die Einstellung des

---

[1] Siehe Mitt. über Forschungsarbeiten des VDI, Heft 40.

Wassergasgleichgewichtes und damit die Bildung von CO wird durch die Erhöhung der Berührungsdauer zwischen Gas und Brennstoff günstig beeinflußt und ist im übrigen von den Brennstoffeigenschaften abhängig.

2. Die Reaktionsfähigkeit der Treibstoffe.

Die Verwendbarkeit eines Brennstoffes im Gaserzeuger wird außer durch seine physikalischen Eigenschaften durch seine Zünd- und Reduktionsfähigkeit beeinflußt. Beide Eigenschaften sind voneinander abhängig. Durch die Zündfähigkeit wird insbesondere die Dauer des

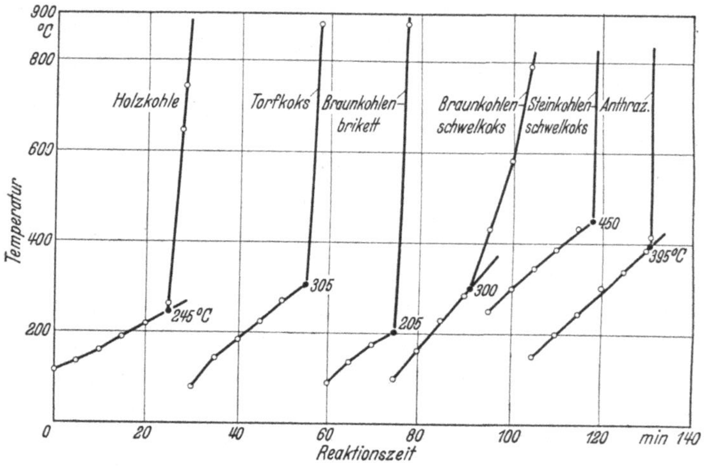

Abb. 1. Reaktionsfähigkeit fester Treibstoffe.

Anblasens eines Gaserzeugers bestimmt. Die verschiedenen Brennstoffarten weichen hierbei erheblich voneinander ab. Zahlenmäßige Untersuchungen wurden am Institut für Braunkohlen- und Mineralölforschung der Technischen Hochschule Berlin durchgeführt (Abb. 1)[1]. Dabei wurde eine bestimmte Menge Brennstoff in einer Röhre erhitzt und Luft darüber geleitet. Der Sprung in der Temperatur-Zeitkurve gibt die Selbstzündungstemperatur des Brennstoffes an. Am günstigsten verhält sich demnach Holzkohle, während der Anthrazit am reaktionsträgsten ist. Diese Werte lassen, wie bereits erwähnt, in erster Linie auf die Dauer der Gaserzeugung beim Anblasen schließen und ermöglichen einen Vergleich der verschiedenen Brennstoffarten.

In ähnlicher Weise verhalten sich die Brennstoffe bei der nachfolgenden Reduktion der gasförmigen Oxydationsprodukte. Hier ist allerdings ein zahlenmäßiger Vergleich zwischen den einzelnen Brennstoffarten nicht möglich. Man ist hier ausschließlich auf Einzelbeobachtungen im

---

[1] Z. VDI 1935 S. 1556.

praktischen Betrieb angewiesen. Absolute Werte können hier schon deshalb nicht angegeben werden, weil die Reduktionsfähigkeit der Brennstoffe sich fast stets im Laufe des Betriebs ändert. Die beste Reduktionsfähigkeit besitzt wieder die Holzkohle, während sich das Verhalten der übrigen Brennstoffe wie ihre Zündfähigkeit nach dem Anthrazit hin verschlechtert. Das mit wachsender Betriebszeit sinkende Reduktionsvermögen eines Brennstoffes macht sich bereits beim Holzgaserzeuger deutlich bemerkbar. Im allgemeinen muß die Holzkohle nach etwa 1500 bis 2000 km erneuert werden, da sich die Güte des Gases bzw. die Motorleistung infolge der sinkenden Reduktionsfähigkeit und der gleichzeitig eintretenden Erhöhung des Unterdruckes durch den allmählichen Zerfall der stückigen Holzkohle merkbar verschlechtert.

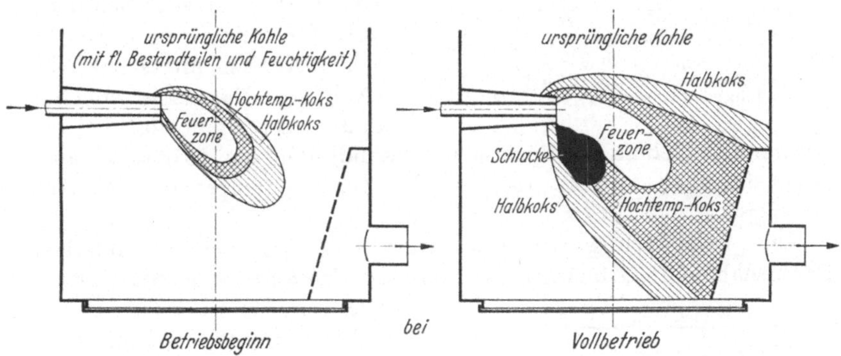

Abb. 2. Ausbreitung der Feuerzone unter gleichzeitiger Veränderung der Brennstoffbeschaffenheit.

Am nachteiligsten ist das Absinken der Reduktionsfähigkeit bei fossilen Brennstoffen. Dies tritt vielfach dann ein, wenn der Brennstoff auf bestimmte Temperaturen erhitzt wird. Dabei verwandelt sich dieser in Hochtemperaturkoks, der seine Reduktionsfähigkeit mit steigenden Temperaturen mehr und mehr einbüßt.

Den Übergang in Hochtemperaturkoks kann man sich nach der in Abb. 2[1] angegebenen Weise vorstellen. Bei Betriebsbeginn nimmt die Feuerzone nur einen geringen Raum ein. Die Temperaturen fallen mit der Entfernung von der Düse rasch ab und die Düse selbst ist noch von reaktionsfähigem Brennstoff umgeben. Allmählich wird sich die Zone höchster Temperatur mehr und mehr ausdehnen, wobei sich die Umwandlung in Hochtemperaturkoks auf einen immer größer werdenden Raum erstreckt. Damit sinkt die Reaktionsfähigkeit des Brennstoffes an der Düse und in der Feuerzone immer mehr, das Gas wird schlechter. Die Abb. 2 bezieht sich auf einen Gaserzeuger mit Querströmung (s. C 4); die Vorgänge in anderen Gaserzeugern verlaufen jedoch in derselben Weise.

---

[1] Seberich: Brennstoff-Chem. 1936 S. 10.

Der Übergang in Hochtemperaturkoks hat zunächst ein langsames Absinken des Wasserstoffgehaltes zur Folge, während der CO-Gehalt nur in geringem Maße beeinflußt wird und meist etwas ansteigt (Abb. 3)[1]. Ein ähnliches Verhalten zeigen auch andere Brennstoffe.

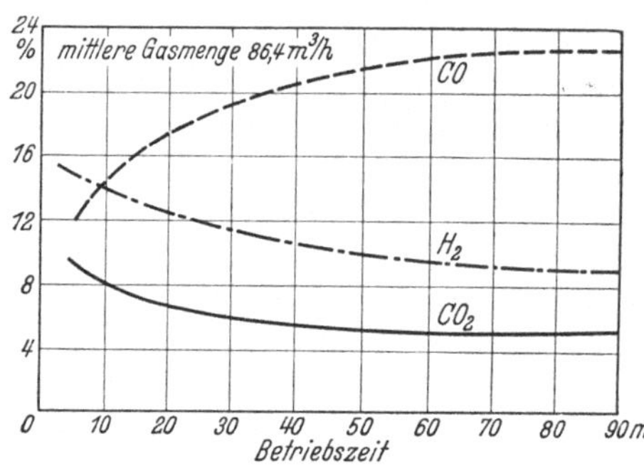

Abb. 3. Gaszusammensetzung von Anthrazitgas in Abhängigkeit von der Betriebszeit bei gleichbleibender Gaserzeugerbelastung.

Dieses Verhalten wird auch noch dadurch unterstützt, daß die Brennstoffe unter der Einwirkung hoher Temperaturen allmählich die noch vorhandenen flüchtigen Bestandteile verlieren. Zwischen diesen und der Reaktionsfähigkeit besteht eine Beziehung, die von Gevers-Orban an belgischen Kohlen untersucht wurde[2] (Abb. 4). Daraus ist ersichtlich, daß dieser Brennstoff bei einem bestimmten Gehalt an flüchtigen Bestandteilen ein Größtmaß an Reaktionsfähigkeit besitzt, das von der Garungstemperatur des Kokses abhängig ist.

Die Veränderung der Gaszusammensetzung bei gleichbleibender Gasentnahme in Abhängigkeit von der Betriebszeit wurde vom Verfasser bereits mehrfach untersucht und veröffentlicht[3]. Denselben Einfluß zeigt ein Fahrversuch, der von Seberich an einem Versuchsfahrzeug des Kaiser-Wilhelm-Instituts für Kohlenforschung durchgeführt wurde. Es handelte sich dabei um einen Gaserzeuger für Braunkohlenbriketts, der ohne Wasserzusatz arbeitete:

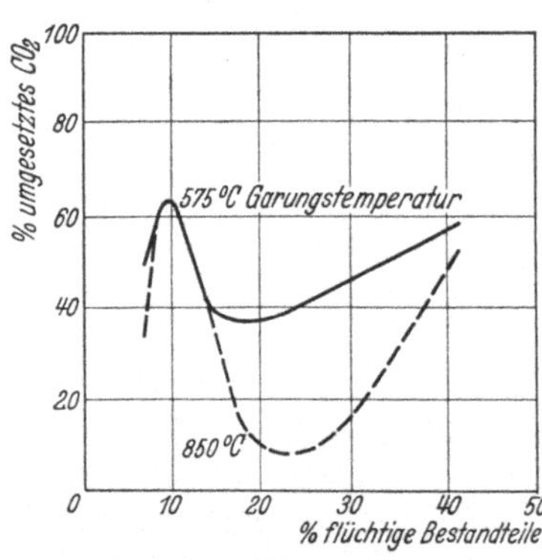

Abb. 4. Reaktionsfähigkeit belgischer Steinkohlenhalbkokse bei verschiedenen Garungstemperaturen. (Nach Gevers-Orban.)

Fahrstrecke km	CO	H₂	CH₄	CO₂	N₂
10	24,9	15,9	2,1	1,7	55,4
54	26,4	11,8	2,3	2,8	56,5
198	27,8	7,4	1,8	2,7	60,2
218	29,1	7,1	0,8	2,4	60,8
246	30,5	4,1	0,5	3,1	61,8
254	29,9	3,2	0,3	2,7	63,8

Die anfängliche Güte des Gases ist die Folge der im Brennstoffe in genügender Menge vorhandenen Feuchtigkeit und der beginnenden Entschwelung des Brennstoffes. Allmählich schreitet die Entgasung

---

[1] A.T.Z. 1936 Heft 24 (Krupp Anthrazit). — [2] Rev. univ. Mines 1934 S. 376. [3] Kraftfahrtechn. Forschungshefte 1937 Heft 9.

der in der Nähe des Feuerbettes befindlichen Brennstoffschichten weiter, so daß nach einer bestimmten Zeit in der Nähe der Feuerzone nur noch ein Brennstoff von der Art des Hochtemperaturkokses zur Verfügung steht, der eine Verschlechterung des Gases bewirkt.

Besonders stark wirkt sich die Abnahme der Reaktionsfähigkeit des Brennstoffes auf die Wasserstoffbildung aus. Die Menge des unzersetzt die Feuerzone durchströmenden Wasserdampfes wird im Laufe der Betriebszeit immer größer. Nach verschiedenen Untersuchungen kann dieser Nachteil dadurch gemildert werden, daß man den Wasserdampf in möglichst hoch überhitztem Zustand dem Feuerbett zuführt und dafür sorgt, daß der Brennstoff möglichst ohne Vorerhitzung der Brennzone zugeführt wird. Letzteres führt dann zu dem Verfahren der absteigenden Vergasung oder zur Querströmung (s. C 4).

Die unterschiedliche Reaktionsfähigkeit der Brennstoffe zwingt zur Anwendung verschieden hoher Temperaturen in der Feuerzone. Nach Angabe von Seberich liegen die günstigsten Temperaturen bei Holz und Holzkohle bei 900 bis 1000° C, während bei Braunkohlenprodukten Temperaturen von 1100 bis 1200° C genügen dürften. Bei Steinkohlenerzeugnissen ist jedoch erst bei einer Temperatur über 1400° C eine ausreichende Reaktionsfähigkeit zu erwarten. Versuche des Verfassers ergaben an einem kleinen Anthrazitgaserzeuger Temperaturen von über 1800° C im Feuerraum. Eine genaue Messung war nicht möglich, da der Meßbereich des Thermoelementes nur bis 1800° C reichte. Die Versuche mußten daher unterbrochen werden. Vermutlich dürfte die tatsächliche Temperatur in der Schachtmitte nahe an 2000° C betragen.

Wegen der Notwendigkeit bei der Vergasung der einzelnen Brennstoffarten verschieden hohe Temperaturen zur Anwendung zu bringen, erscheint eine gleich gute Vergasung der verschiedenen Brennstoffe in einem und demselben Gaserzeuger ohne Änderung der Abmessungen unmöglich. Allerdings dürfte es gelingen, Gaserzeuger zu bauen, die unter Auswechslung einzelner Teile leicht auf andere Brennstoffarten umgestellt werden können.

3. Die Schwelgase bei teerhaltigen Brennstoffen.

Der Gehalt eines Brennstoffes an flüchtigen Bestandteilen (s. Abschnitt B), unter denen die Kohlenwasserstoffverbindungen von besonderer Bedeutung sind, ist für die Vorgänge im Gaserzeuger und für die Wahl des Vergasungsverfahrens (s. Abschnitt C 4) von Wichtigkeit. Diese flüchtigen Bestandteile entweichen bei bestimmten Temperaturen aus dem Brennstoff in dampfförmigem Zustand und verflüssigen sich zum Teil bei der folgenden Abkühlung. Bei Temperaturen bis zu etwa 100° C findet zunächst eine Trocknung des Brennstoffes statt, da in jedem Brennstoffe eine bestimmte Feuchtigkeit enthalten ist. Nach

Tabelle 1.

Temperatur ° C	150—200	200—280	280—380	380—500	500—700	700—900
Kohlenstoff in der Kohle	60,0	68,0	78,0	84,0	89,0	91,0
Unkondensierbarer Teil der Schwelgase in Raumteilen { Kohlensäure	68,0	66,5	35,5	31,5	12,2	0,4
Kohlenoxyd	30,5	30,0	20,5	12,3	24,5	9,6
Wasserstoff	0,0	0,2	0,5	7,5	42,7	80,7
Kohlenwasserstoff	2,0	3,3	36,5	48,7	20,4	8,7
Kondensierbare Bestandteile des Gases	Wasserdampf	Wasserdampf und Essigsäure	Essigsäure, Holzgeist und leichte Teere	große Mengen schwerer dickflüssiger Teere	dasselbe (paraffinhaltig)	fast gar keine Kondensate
Bemerkungen	Sehr wenig Gas; bedeutende Gewichtsabnahme im verkohlbaren Material		große Gasmengen, Gas brennt mit weißer Flamme		spärliche Gasmengen	nur sehr wenig Gas

Beendigung des Trocknungsvorganges treten bei weiterer Temperatursteigerung die übrigen flüchtigen Bestandteile aus dem Brennstoff aus. Diese bestehen in der Regel aus: Methan CH_4, schweren Kohlenwasserstoffen C_nH_m, freiem Wasserstoff H_2, Kohlenoxyd CO, Kohlendioxyd CO_2, und Sauerstoff $+$ Stickstoffe $N_2 + O_2$. Dazu kommen noch andere Bestandteile wie Essigsäure und ähnliche Verbindungen Schwefel, Ammoniak usw. Der mengenmäßige Gehalt an diesen Stoffen ist bei den verschiedenen Brennstoffsorten unterschiedlich und temperaturabhängig.

Die Entgasung der verschiedenen Brennstoffe ergibt folgendes[1]:

Holz. Bei der Entgasung von Holz bleibt als Rückstand Holzkohle. Für die Entgasung von Kiefernholz liegen folgende Untersuchungen vor (s. Tabelle 1).

Nach Ferdinand Fischer bestehen die entweichenden Gase anfangs im wesentlichen aus Kohlensäure, die bei steigenden Temperaturen zu CO reduziert wird. Bei Buchenholz ist der Gehalt an CO_2 etwas höher.

Aus 100 kg Holz erhält man bei Erhitzen auf 400° C:

34,8 kg Holzkohle (enthaltend 82,1 % C;
    4,1 % H_2; 13,7 % O_2)
24,9 kg Wasser
10,9 kg CO_2
 4,1 kg CO
 5,9 kg Essigsäure $CH_3CO(OH)$
 1,5 kg Methylalkohol CH_3OH
17,7 kg Teer.

Die kondensierbaren Teile dieser Schwelgase schlagen sich als Schwel-

---

[1] Die folgenden Zahlentabellen entstammen in der Hauptsache dem Buch: Fischer, Kraftgas 2. Aufl. Leipzig: Otto Spamer.

kondensate zusammen mit dem Wasser teilweise an den kühleren Wandungen des Gaserzeugers nieder. Bei den meisten Holzgaserzeugern wird dies durch Einbau eines Zwischenraumes (Kondensator) begünstigt. Dort scheidet sich ein Schwelkondensat vermischt mit Holzteer nieder. Die Menge hängt bei allem von der Feuchtigkeit des Holzes ab. Messungen haben bei einer Holzfeuchtigkeit von 12% durchschnittlich 7 bis 8 l/100 kg Buchenholz ergeben. Infolge seines Gehaltes an Essigsäure und anderen organischen Säuren (Ameisensäure u. a.), deren Menge aber zurücktritt, werden von dieser Flüssigkeit die Werkstoffe des Gaserzeugers stark angegriffen. Der Gehalt an Essigsäure im Kondensat beträgt nach Untersuchungen von Dr. Mörath:

bei Buchenholz . . . . 5,1% Essigsäure
bei Kiefernholz . . . . 1,21% ,,
bei Fichtenholz . . . . 2,24% ,,

Gewöhnliches Eisenblech zeigt sich gegen diese Kondensate nicht widerstandsfähig. Auch haben sich die verschiedensten Schutzüberzüge nicht bewährt. Am günstigsten scheint sich ein Überzug nach dem Eloxalverfahren bewährt zu haben (nach Angaben von Westwaggon-Köln). Dieser Überzug besteht aus einer Aluminiumverbindung, die nach einem besonderen Verfahren auf das Grundmaterial aufgebracht wird. Eine schützende Wirkung besitzt auch der Teerüberzug, der sich im Laufe des Betriebs von selbst auf dem Grundwerkstoff bildet. Sobald jedoch der Gaserzeuger vollständig leergebrannt wird, schmilzt infolge der Ein-

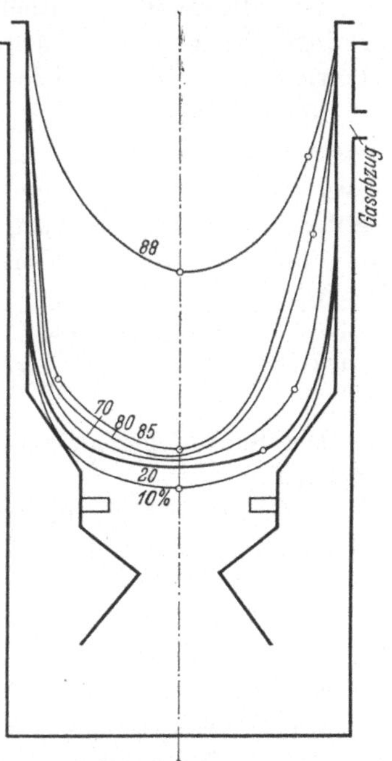

Abb. 5. Kurven gleichen Gehalts der Schachtfüllung an flüchtigen Bestandteilen bei einem Imbert-Holzgaserzeuger.

wirkung der strahlenden Glut des Feuers die Teerschicht ab. Damit hört diese Schutzwirkung auf, so daß es sich im praktischen Betrieb empfiehlt, den Gaserzeuger niemals ganz leer zu brennen. Durch Beachtung dieses Umstandes konnte bei Versuchsgaserzeugern, deren Kondensatoreinsatz aus ungeschütztem Eisenblech hergestellt war, eine mehrjährige Lebensdauer erzielt werden.

Ein anschauliches Bild über den Verlauf der Entschwelung in einem Holzgaserzeuger gibt eine Untersuchung, die von Schläpfer und Tobler an der Technischen Hochschule Zürich durchgeführt wurde (Abb. 5). Danach ist der Schwelvorgang in der Gaserzeugermitte bereits unmittelbar über der Feuerzone beendet.

Braunkohlenprodukte. Auch hier ist die Zusammensetzung der Schwelgase abhängig von der Schweltemperatur. Im Mittel besitzen diese folgende Bestandteile:

Kohlensäure	10—20%	Wasserstoff	10—30%
Schwere Kohlenwasserstoffe	1— 2%	Sauerstoff	0— 3%
Kohlenoxyd	5—15%	Stickstoff	10—30%
Methan	10—25%	Schwefelwasserstoff	1— 3%

Im allgemeinen enthält auch der Braunkohlenschwelkoks noch geringe Mengen flüchtiger Bestandteile, die jedoch im praktischen Betrieb kaum ins Gewicht fallen.

Steinkohlenprodukte. Als Brennstoff kommt für Hochleistungsgaserzeuger im wesentlichen nur Anthrazit in Betracht. Die Schwelgase von Anthrazit treten gegenüber dem Anteil bei anderen Brennstoffen mengenmäßig zurück. Die Zusammensetzung der Schwelgase ist abhängig von der Herkunft des Brennstoffes im Mittel folgende:

Kohlensäure	0,60%	Wasserstoff	66,66%
Schwere Kohlenwasserstoffe	1,09%	Sauerstoff	1,22%
Kohlenoxyd	3,36%	Stickstoff	8,05%
Methan	19,00%		

Der Schwefelgehalt schwankt stark nach der Herkunft des Brennstoffes.

Auch der Steinkohlenschwelkoks enthält noch eine gewisse Menge flüchtiger Bestandteile, die ihrer Zusammensetzung nach erheblichen Schwankungen unterliegen.

Bei allen teerhaltigen Brennstoffen außer Holz enthalten die Schwelgase zum Teil noch recht erhebliche Mengen von Schwefelverbindungen, deren Entfernung große Schwierigkeiten verursacht (s. Abschnitt G).

Die Schwelgase aus Anthrazit und Steinkohlenschwelkoks enthalten ferner noch Kieselsäure, die sich in den Verbrennungsräumen des Motors als weißer Belag abscheidet (s. Abschnitt C 4).

4. Die Gasführung im Gaserzeuger.

Die einfachste Gasführung ist die, wie sie in jeder anderen Feuerung auch verwendet wird. Die Luft tritt im unteren Schachtteil durch eine Düse oder durch den Rost hindurch in das Schachtinnere ein, während das Gas in einer bestimmten Höhe oder bisweilen auch erst am oberen Ende des Schachtes abgezogen wird (Abb. 6a). Dieses Verfahren wird als **aufsteigende Vergasung** bezeichnet und kann überall dort verwendet werden, wo es sich um teerfreie Brennstoffe handelt. Die Feuerzone bildet sich stets an der Lufteintrittsstelle aus, in diesem Fall also im unteren Teil des Schachtes. Für teerhaltige Brennstoffe ist das Verfahren jedoch unbrauchbar. Da der Brennstoff von oben nach unten, also entgegengesetzt der Gasströmung, nachrutscht, spricht man bisweilen auch von Gegenstrom-Gaserzeugung. Ein Nachfüllen des Brennstoffes während des Betriebs ist ohne besondere Vorkehrungen (Doppelverschluß oder Zellenschleuse), die jedoch für den Fahrzeugbetrieb nicht in Betracht kommen, nicht möglich, da sonst von oben her Luft mit in die Gasabzugleitung gesaugt werden würde.

Man kann die Luft auch in einer bestimmten Höhe durch Seiten- oder Mitteldüsen zuführen und das Gas unten absaugen. Auch hierbei wird sich die Feuerzone an der Lufteintrittstelle ausbilden. Dies ist das Verfahren der absteigenden Vergasung (Abb. 6b), auch Gleichstromvergasung genannt, da der Brennstoff in der Strömungsrichtung der Gase nachrutscht. Diese Bauart findet in erster Linie für alle teerhaltigen Brennstoffe, also für alle solche, bei denen unter den flüchtigen

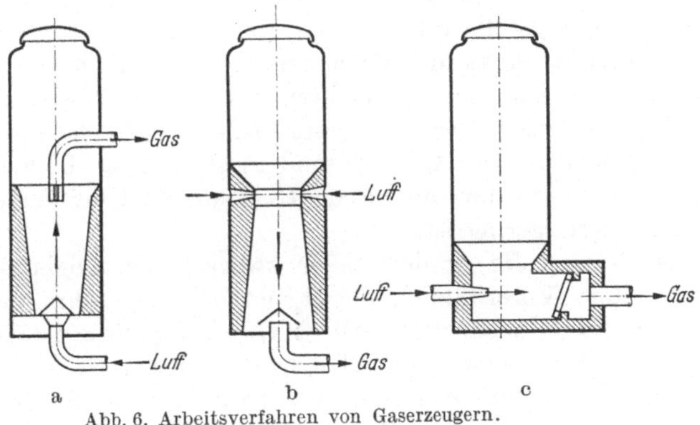

Abb. 6. Arbeitsverfahren von Gaserzeugern.

Bestandteilen die schweren Kohlenwasserstoffe besonders ins Gewicht fallen, Anwendung. Die im oberen Teil des Gaserzeugers, also über der Feuerzone sich bildenden Schwelgase werden erst durch die Feuerzone hindurchgesaugt, wobei sich die schweren Kohlenwasserstoffe aufspalten. Die Wahl der Querschnitte und Gaswege muß so gewählt werden, daß mit Sicherheit bei allen Belastungen sich ein vollkommen teerfreies Gas ergibt. Wenn auch diese Bauart in erster Linie für teerhaltige Brennstoffe gedacht ist, so kann sie jedoch auch für teerfreie Brennstoffe verwendet werden.

Eine dritte Möglichkeit ist die der Querströmung (Abb. 6c). Die Luft tritt aus einer oder mehreren Düsen mit hoher Geschwindigkeit aus, wodurch sich eine eng begrenzte Zone sehr hoher Temperatur in der Nähe der Düse ausbildet. Diese Temperaturen erreichen etwa 2000° C. Das Gas wird dann auf der den Düsen entgegengesetzten Seite durch einen Rost hindurch oder durch ein Ablenkblech abgesaugt. Auch hier müssen die sich über der Feuerzone bildenden Schwelgase durch die Feuerzone hindurch abgesaugt werden, wobei sich die schweren Kohlenwasserstoffe spalten.

Beide Gaserzeugerbauarten, die absteigende und die Quervergasung, ermöglichen ohne besondere Einrichtungen ein Nachfüllen des Brennstoffes während des Betriebs, da beim Öffnen des Fülldeckels keine Luft in die Gasleitung direkt gelangen kann; die Maschine braucht also nicht abgestellt zu werden. Allerdings tritt dann meistens ein geringes Absinken der Leistung ein.

Die Verfahren der absteigenden und der Quervergasung bieten noch einen anderen Vorteil, der mit der Reaktionsfähigkeit des Brennstoffes zusammenhängt (s. Abschnitt C 2). Früher wurde hervorgehoben, daß die Reaktionsfähigkeit des Brennstoffes von der Glühtemperatur abhängig ist, und daß beim Übergang in Hochtemperaturkoks die Reduktionsfähigkeit des Brennstoffes stark vermindert wird. Beim Gaserzeuger mit aufsteigender Vergasung wird der Brennstoff in den Schichten nahe der Gasabzugstelle erheblich vorerhitzt und gelangt dann bereits als Hochtemperaturkoks in die Feuerzone. Hierbei ist wohl die Reduktionsfähigkeit in den oberen Schichten gut, sie begünstigt aber nur die CO-Bildung, während der Wasserstoffgehalt vielfach unter der notwendigen Grenze bleibt. Ganz besonders stark tritt diese Erscheinung bei solchen Brennstoffen auf, deren Reaktionsfähigkeit bereits im Anlieferungszustand gering ist.

Solche Brennstoffe werden daher zweckmäßig möglichst unmittelbar, d. h. ohne Vorerhitzung der Feuerzone zugeführt, wodurch die Wasserstoffbildung begünstigt wird. Man sollte jedoch die Gasgeschwindigkeit in der Feuerzone nicht allzu hoch steigern, da sonst die Reaktionszeiten nicht mehr ausreichen und trotz der durch die hohen Gasgeschwindigkeiten bedingten Temperaturen hinter der Feuerzone der CO-Gehalt sinkt, d. h. nicht mehr genügend Zeit zur Erreichung des Gleichgewichtszustandes zur Verfügung steht.

Diese Erwägungen lassen es als berechtigt erscheinen, auch bei teerfreien Brennstoffen die absteigende Vergasung oder die Quervergasung zu bevorzugen. Beide Verfahren gestatten eine Verwirklichung der genannten Erkenntnisse wobei es allerdings noch verfrüht ist, zu entscheiden, welchem von beiden Verfahren der Vorzug gegeben werden kann.

Mit Ausnahme von Holz und Braunkohlenbrikett wird bei allen anderen Brennstoffen zur Gewinnung eines für die motorische Verbrennung geeigneten Mischgases mit einem entsprechenden Wasserstoffgehalt ein Zusatz von Wasserdampf benötigt. Dieser Wasserdampf wird meist mit der Vergasungsluft zusammen dem Feuerraum zugeführt. Wie bereits an anderer Stelle erwähnt, ist es wichtig, sowohl die Luft als auch den Wasserdampf möglichst hoch vorzuwärmen, um im Feuerraum örtlich eng begrenzte Zonen möglichst hoher Temperatur zu bekommen. Letzteres ist besonders wichtig bei der Verwendung von Steinkohlenprodukten, bei denen, wie ebenfalls erwähnt, höhere Temperaturen als bei anderen Brennstoffen verlangt werden müssen.

Wie bereits gezeigt, bilden sich bei vielen Brennstoffen über der Feuerzone Schwelgase, die zum Teil recht erhebliche Mengen teerbildende Kohlenwasserstoffe enthalten. Diese Teerdämpfe müssen unter allen Umständen aus dem Gase bereits im Gaserzeuger entfernt werden. Man erreicht dies mit Sicherheit dadurch, daß man eine Spaltung der Schwelgase durch Abzug durch die Feuerzone herbeiführt. Es muß heute als durchaus möglich bezeichnet werden, selbst die Teerdämpfe stark teerhaltiger Brennstoffe wie z. B. Holz restlos zu spalten. Zu beachten ist jedoch, daß die Querschnittsbemessung im Schacht so erfolgt, daß die Temperatur an jeder Stelle des Schachtquerschnittes bei allen Belastungen zur Spaltung der Teerdämpfe ausreicht. Um dies zu erreichen, sieht man in oder kurz hinter der Brennzone eine Verengung des Querschnittes vor.

Auf der anderen Seite zeigt eine Analyse der Schwelgase, daß diese für die motorische Verbrennung recht wertvoll sind, wenn es gelingt die mitgeführten Teerdämpfe restlos zu spalten. Diese Schwelgase müssen daher weitgehend vor einer Verbrennung an der Lufteintrittstelle des Gaserzeugers geschützt werden. Dies ist allerdings insofern nicht ganz einfach, als die Reaktionsfähigkeit dieser Gase weit höher ist als die des Brennstoffes selbst. In der Verwirklichung dieser Erkenntnis liegt wohl einer der wesentlichen Vorzüge des Imbert-Holzgaserzeugers, bei dem die Vergasungsluft durch Seitendüsen eingeführt und der Luftstrom sofort stark nach unten abgezogen wird; so können die Schwelgase die Schachtmitte ungehindert passieren. Wie günstig sich die Schwelgase auf die Gaszusammensetzung auswirken, zeigt deutlich eine Analyse des Holzgases, das von allen Gasen den höchsten Wasserstoffgehalt besitzt. Dieser Wasserstoff muß zum größten Teil dem Schwelgas selbst entstammen, da die Temperatur in der Feuerzone zu einer so weitgehenden Spaltung des Wasserdampfes nicht ausreicht und außerdem der Wasserstoffgehalt sich bei allen Untersuchungen als unabhängig von der Holzfeuchtigkeit gezeigt hat.

5. Die Verbrennungsrückstände und ihre Beseitigung.

Die Beschaffenheit und Menge der Verbrennungsrückstände wechselt je nach der Art des verwendeten Brennstoffes. Im Mittel können folgende Aschengehalte angegeben werden, die nach Herkunft und Aufbereitung des Brennstoffes gewissen Schwankungen unterworfen sind:

Weichholz . 0,4—0,7% Asche	Steinkohlenschwelkoks . . .	4— 8% Asche
Hartholz . 0,6—1% „	Deutscher Anthrazit	5— 9% „
Holzkohle . 0,8—1,4% „	Braunkohlenbriketts	5— 7% „
Torfkoks . 3—4% „	Braunkohlenschwelkoks . . .	20—24% „

Die Beseitigung dieser Rückstände macht bisweilen erhebliche Schwierigkeiten, besonders bei solchen Brennstoffen, die zur Gasbildung höhere Temperaturen erfordern.

Bei Holz und Holzkohle ist infolge der kleinen Aschemengen die Aufgabe leicht zu lösen. Hier fällt die Asche staubförmig an, wird zum Teil mit dem Gas fortgerissen, und muß nachher in den Reinigern ausgeschieden werden. Manche Bauarten von Holzgaserzeugern verzichten daher ganz auf den Einbau eines Rostes; die Asche wird bei der in gewissen Zeitabständen notwendigen Neufüllung des ganzen Gaserzeugers entfernt. Bei Holzgaserzeugung findet man im unteren Teil noch leicht zusammengebackene Rückstände, die aus Pottasche, vermischt mit Asche und Holzkohlenstaub, bestehen. Diese Rückstände sind aber im Gegensatz zu anderen Brennstoffen sehr weich und können leicht zerrieben werden. Die Holzkohle bildet daneben größere Mengen feinkörnigen Staubes, der einesteils dadurch, daß die Holzkohle unter dem Einfluß der Temperaturen im Feuerraum langsam zerfällt, andernteils durch den natürlichen Abrieb besonders im Fahrzeugbetrieb entsteht. Dieser Holzkohlenstaub vergrößert allmählich den Unterdruck im Gaserzeuger, der bei Fehlen eines Rostes bereits nach 500 Betriebsstunden auf das 2 bis 3fache gegenüber den Werten unmittelbar nach der Neufüllung ansteigt. Versuche haben gezeigt, daß diese Erhöhung des Unterdruckes durch Einbau eines Rippenrostes, wenn auch nicht ganz vermieden, so doch wenigstens erheblich vermindert werden kann. Es sind daher auch bereits Herstellerfirmen von rostlosen Gaserzeugern zur Verwendung von Rosten übergegangen. Anwendung finden sowohl Drehroste als auch Rippenroste.

Wie bereits erwähnt, erfordern Holzgaserzeuger der rostlosen Bauart nach 1500 bis 2000 Fahrtkilometern oder nach etwa 50 Betriebsstunden eine vollständige Entleerung und Neufüllung auch der Holzkohle, während bei täglicher Entfernung der Rückstände mittels eines Rostes erst nach wesentlich längerer Betriebszeit eine Entleerung erforderlich wird. Der Unterdruck im Gaserzeuger besitzt in diesem Falle bei regelmäßiger täglicher Reinigung praktisch gleichbleibende Werte. Es soll jedoch darauf hingewiesen werden, daß eine allzu häufige Betätigung des Rostes vermieden werden muß, da sonst zu viel Holzkohle auf einmal nach unten abgesogen wird und der Holzkohlespiegel unter die Luftzutrittstellen sinkt, wobei das Holz unter Umständen bis in den engsten Herdquerschnitt nachrutscht. Dies bewirkt zunächst eine wesentliche Erhöhung der Anblasezeiten, außerdem gelangen Teerdämpfe unzersetzt in das Gas und geben zu Betriebsstörungen Anlaß. Bei sachgemäßer Bedienung eines beweglichen Rostes ist seine Verwendung auch bei Holzgaserzeugern von Vorteil.

Bei Holzkohle werden vorwiegend feste Roste verwendet, da diese Gaserzeuger meist mit aufsteigender Vergasung arbeiten und die geringen Aschenmengen zum Teil mitgerissen und in den Reinigern ausgeschieden werden. Wird jedoch auch hier zur absteigenden Vergasung übergegangen, so empfiehlt sich der Einbau eines Rüttelrostes, um den Gasweg leichter frei halten zu können.

Ähnlich wie Holzkohle verhält sich Torfkoks. Hier fällt die Asche in flockiger Form an und läßt sich leicht entfernen. Infolge des im Torfkoks enthaltenen Schwefels beträgt der Schwefelgehalt der Asche 0,2% neben einem Phosphorgehalt von 0,05% bezogen auf das ursprüngliche Brennstoffgewicht.

Bei Anthrazit sintert die Asche infolge der höheren Temperaturen im Feuerraum zu Schlacke zusammen. Ihre Entfernung macht jedoch infolge der kleinen Mengen keine erheblichen Schwierigkeiten. Es kommt jedoch vor allem auf die spezifischen Schachtbelastungen im Gaserzeuger und damit auf die mittleren Temperaturen, ferner auf die Gasführung an. Dies trifft auch auf den Steinkohlenschwelkoks zu, dessen Gesamtaschengehalt nicht wesentlich verschieden ist von dem bei Anthrazit. Der Ascheschmelzpunkt liegt bei Anthrazit und Schwelkoks je nach der Herkunft des Brennstoffes bei 1180 bis 1380° C, also im allgemeinen erheblich unter der Feuerraumtemperatur. Die Schlackenrückstände sammeln sich entweder im unteren Teil des Gaserzeugers an, oder backen an der feuerfesten Auskleidung fest. Bei zu hohen Gasgeschwindigkeiten im Schacht und gleichzeitig hohen Temperaturen kann es vorkommen, daß die ganze Brennstoffüllung mit der Schlacke zusammenbackt und den Gasdurchtritt verhindert. Abhilfe ist nur durch Änderung der Gasführung und Gasgeschwindigkeit möglich. Eine Entfernung der Schlackenrückstände durch einen Rüttelrost ist jedoch nicht möglich, da sich auf dem Roste allmählich ein zusammenhängender Schlackenkuchen absetzt. Man hat daher bei solchen Brennstoffen zum Teil überhaupt auf einen Rost verzichtet, zumal es sich stets empfiehlt, vor jeder neuen Inbetriebnahme den Gaserzeuger restlos zu entleeren und neu aufzufüllen, wobei gleichzeitig die Verbrennungsrückstände entfernt werden können.

Am schwierigsten verhält sich infolge seines hohen Aschegehaltes der Braunkohlenschwelkoks. Um ein Festbacken der Schlacke an der Ausmauerung des Gaserzeugers zu vermeiden, verzichten einige Bauarten auf eine derartige Auskleidung oder verwenden eine solche nur noch in der heißesten Zone. Die ungeschützten Wandungen werden doppelwandig ausgeführt und mit einer Wasserfüllung gekühlt. Der entstehende Wasserdampf wird dann zum Teil mit der Vergasungsluft angesaugt und so zur Niedrighaltung der Temperatur im Gaserzeuger verwendet, um ein Zusammenbacken der Schlacke zu verhindern. Die Asche soll in lockerer Form, die mittels eines beweglichen Rostes entfernbar ist, anfallen. Der Rost wird zum Teil mechanisch angetrieben. Derartige Gaserzeuger befinden sich mehr oder weniger noch in einem Versuchsstadium. Die Erfahrung muß erst lehren, ob nicht mit der Erniedrigung der Schachttemperaturen gewisse Nachteile verbunden sind. Vor allem steht zu befürchten, daß der Gaserzeuger nicht mehr imstande ist, Belastungsschwankungen in genügender Weise zu überbrücken.

Bei Verwendung von Braunkohlenbriketts kann man auf die Anwendung höherer Temperaturen nicht verzichten, so daß die Schlacke von Zeit zu Zeit (bei Neufüllung des Gaserzeugers) als Kuchen entfernt werden muß.

6. Die Werkstoffe.

Die Beherrschung der hohen Temperaturen im Feuerraum stellt an die Werkstoffe sehr hohe Anforderungen und macht gewisse Schwierigkeiten, die nicht nur durch die Auswahl der Werkstoffe, sondern auch von ihrer Verarbeitung und dem allgemeinen Aufbau der Gaserzeugerteile bedingt sind.

Bei der Mehrzahl der Gaserzeuger ist der Feuerraum mit einer feuerfesten keramischen Auskleidung versehen, die besonders im Fahrzeugbetrieb gleichzeitig hohen mechanischen Beanspruchungen ausgesetzt ist. Für diese Auskleidung verwendet man in der Regel Formsteine oder auch für die weniger hoch beanspruchten Teile des Feuerschachtes eine feuerfeste Masse aus Stampfbeton, wie sie auch für die Auskleidung von Kesselfeuerungen und Öfen gebräuchlich ist. Bei schlackenhaltigen Brennstoffen muß die Auswahl der Auskleidung und der Bindemittel der Zusammensetzung der Schlacke angepaßt sein, die bei allen fossilen Brennstoffen mehr oder weniger stark sauer reagiert, zum Unterschied von Holz und Holzkohle, die eine alkalische Asche ergeben. Durch richtige Wahl der Auskleidung kann das Festbacken der Schlacke an den Wandungen vermieden werden. Bewährt haben sich Formsteine aus Sillimanit oder Sinterkorund.

Gewisse Gaserzeugerbauarten verzichten überhaupt auf eine Auskleidung und verwenden metallische Feuerkörbe aus Sonderlegierungen oder suchen die Wandungen durch eine größere Brennstoffschicht, die an der Umsetzung nicht teilnimmt, dem Einfluß der hohen Temperaturen zu entziehen. Der Verzicht auf die Auskleidung verringert neben dem Gewicht des Gaserzeugers auch die Anblasedauer bei der Inbetriebsetzung, erhöht aber auch die Wärmeverluste, wenn nicht durch entsprechende Isolation der Wärmedurchgang verringert wird.

Besonders bei den Holzgaserzeugern sind metallische Feuerherde, die keinerlei Auskleidung besitzen, vielfach in Anwendung. Bei der Bauart Imbert liegen in dieser Hinsicht die längsten Betriebserfahrungen vor. Bei dieser Bauart bestehen die unteren Herdstutzen an der Einschnürung aus einer hochhitzebeständigen Sonderlegierung, die mit dem oberen Teil des Feuerherdes aus Eisenblech verschweißt ist. Für diese Sonderlegierung verwendet man Chromnickel- oder auch reinen Chromguß. Der erstere ist zwar im allgemeinen hitzebeständiger, läßt sich aber bei den vorliegenden hohen Nickelgehalten (bis zu 60% Ni) schwer vergießen. Man ist daher in Deutschland vielfach zum Chromguß (mit etwa 25% Cr und ganz geringen Mengen Ni) übergegangen, der neben einer leichteren Vergießbarkeit auch noch billiger ist. Nachteilig zeigte sich diese Chromlegierung im Betrieb insofern, als sie allmählich sehr spröde und hart wird, so daß innere Spannungen leicht zu Rißbildungen führen können. Derartige Rißbildungen treten besonders leicht in der Einschnürung auf; gleichzeitig bewirken diese Spannungen ein starkes Verziehen der Herdstutzen. Untersuchungen, die an der Technischen Hochschule in Zürich[1] durchgeführt wurden, haben ergeben, daß an den Rißstellen eines Herdes aus Chromguß (Pyrodur) im Betrieb eine starke Aufkohlung des Materials stattgefunden hat und eine Steigerung der Härte, teilweise bis auf das Doppelte des ursprünglichen Wertes, im Gefolge hatte. Eine derartige Aufkohlung konnte bei stark nickelhaltigen Werkstoffen nicht beobachtet werden.

Nach Schläpfer ist also die Rißbildung in erster Linie auf die veränderliche Zusammensetzung des Herdwerkstoffes zurückzuführen. Dazu kommt infolge der gießtechnisch schwierig zu beherrschenden Form des Herdstutzens die Neigung zur Bildung von Lunkerstellen, die besonders in der Einschnürung sich zeigen und häufig als Ursache der Rißbildung erkannt werden konnten. Um die Lunkerbildung zu verhindern, soll nach Schläpfer die Einschnürung mit einem Mindestradius von 40 mm ausgeführt werden. Öfters konnten auch ungleiche Wandstärken infolge von Gußfehlern (Verschieben der Form) als Ursache einer vorzeitigen Zerstörung des Herdes festgestellt werden.

Die Haltbarkeit eines Herdes kann auch durch entsprechende konstruktive Formgebung verbessert werden, die einen spannungslosen Guß ermöglicht und ein Verziehen des Herdes durch einseitige Wärmebeanspruchung, wie sie durch eine ungleiche Gasströmung eintreten kann, vermeidet. Wiederholt konnte die Beobachtung gemacht werden, daß Hand in Hand mit einer Rißbildung ein starkes Verziehen des Herdes eintrat. Dieses Verziehen kann seine Ursache entweder in inneren Spannungen im Werkstoff haben, oder vielfach in einer einseitigen Gasströmung. Letzteres kann dann leicht eintreten, wenn das Gas an einer Stelle abgesaugt wird und die Absaugestelle zu nahe am Herdstutzen liegt. Humboldt-Deutz verwendet daher 2 Absaugestellen, die einander gegenüber liegen.

Nach den vorliegenden Ergebnissen kann mit einer Lebensdauer des metallischen Feuerherdes bei Holzgaserzeugern von etwa 30 000 Fahrtkilometern gerechnet werden. Dabei ist jedoch eine schonende Behandlung Voraussetzung. Dazu gehört vor allem, daß der Gaserzeuger nicht zu weit leer gebrannt wird, da sonst infolge Fehlens genügender

---

[1] Siehe Schläpfer und Tobler, Bericht Nr. 3, Theoretische und praktische Untersuchungen über den Betrieb mit Holzgas. Büchler, Bern 1937.

Wasserdampfmengen eine starke Temperaturerhöhung in der Feuerzone eintritt. Es empfiehlt sich vielmehr stets, den Gaserzeuger nachzufüllen, wenn er erst zu $^3/_4$ leer gebrannt ist. Außerdem müssen schroffe Abkühlungen, wie sie beim Öffnen der Reinigungslucken bei heißem Gaserzeuger entstehen können, vermieden werden.

Wie weit das Herdmaterial infolge katalytischer Wirkung die Zusammensetzung des Gases beeinflußt, muß erst durch Versuche geklärt werden. Derartige Einflüsse dürften besonders bei der Methan- und Kohlenoxydbildung mitwirken.

Neben diesen hohen Wärmebeanspruchungen der Bauteile in der Feuerzone sind andere Teile der Gaserzeuger dem chemischen Angriff durch Säuren und Laugen ausgesetzt. Ganz besonders nachteilig verhalten sich hierbei die Schwelerzeugnisse von Holz, die sich im oberen Teil des Gaserzeugers bilden und stark sauer reagieren (s. Abschnitt C 3). Diese Kondensate enthalten 2 bis 10% freier organischer Säuren, unter denen in erster Linie die Essigsäure zerstörend auf die Werkstoffe einwirkt. Diese zerstörende Wirkung beginnt stets dort, wo der Taupunkt der Schwelprodukte unterschritten wird, wo sich also die Schwelprodukte an den kalten Wandungen in flüssiger Form niederschlagen. Eine ganz besonders geringe Widerstandsfähigkeit gegenüber diesen Säuren zeigt Eisenblech, dessen Haltbarkeit auch nicht durch bloßes Heraufsetzen der Wandstärke in ausreichendem Maße gesteigert werden kann.

Naheliegend war daher, die Gaserzeugerwandungen durch einen nichtmetallischen Schutzüberzug dem Angriff der Säure zu entziehen. Für normale Temperaturen gibt es eine Reihe von Anstreichmitteln, die genügend widerstandsfähig sind. Bei hohen Temperaturen, insbesondere bei einem vollständigen Leerbrennen der Füllung, wobei die Wandungen der strahlenden Hitze des Feuers ausgesetzt sind, versagen jedoch diese Anstreichmittel.

Auch hat man versucht, die oberen Wandungen der Gaserzeuger mit einem Schutzüberzug aus Emaille zu versehen, die jedoch eine so geringe Widerstandsfähigkeit gegenüber mechanischen Beanspruchungen (Formänderungen der Bleche) hatte, daß häufig kleine Beschädigungen teilweise bereits beim Zusammenbau des Gaserzeugers auftraten, so daß das Grundmaterial dem Angriff der Säuren ausgesetzt war und zerstört wurde.

Eine ausreichende Widerstandsfähigkeit gegenüber diesen Säuren zeigt Kupfer. Dabei bildet sich unter der Einwirkung der Essigsäure auf der Oberfläche des Kupfers eine Schicht aus Kupferazetat, die fest auf der metallischen Grundlage haftet und durch ihre Dichtigkeit die zerstörende Wirkung der Essigsäure unterbindet.

Man hat zwecks Ersparnis von Kupfer versucht, über die Eisenblechteile lediglich ein dünnes Kupferblech von 0,5 mm Wandstärke zu ziehen und dieses mit dem Blech an den Enden hart zu verlöten.

Diese Schutzüberzüge konnten jedoch leicht durch Stoß und Druck beim Einfüllen des Brennstoffs und beim Stochern beschädigt werden, so daß sich ihre Verwendung nicht bewährte. Einer Herstellung der ganzen Teile aus Kupferblech (Oberteil des Gaserzeugers und Kondensatoreinsatz) stehen Beschaffungsschwierigkeiten im Wege; außerdem müßte das Kupferblech infolge der auftretenden mechanischen Beanspruchungen mit größerer Wandstärke als das Eisenblech ausgeführt werden.

Eine elektrolytische Verkupferung des Eisenbleches hat versagt, da es nicht gelungen ist, die Kupferschicht so dicht zu bekommen, daß der Säure der Weg zum Grundmetall versperrt werden konnte. Ebensowenig hatte eine Verkupferung durch Aufspritzen aus denselben Gründen Erfolg. Durch die Anwesenheit zweier Metalle und einer Säure werden sogar die Zersetzungen beschleunigt. Auch die Verwendung kupferplattierter Eisenbleche, bei denen die Kupferschicht fest auf das Eisen aufgewalzt ist, scheiterte an der geringen Widerstandsfähigkeit der Schweißnähte.

Nach eingegangenen Mitteilungen scheint sich eloxiertes Aluminiumblech recht gut zu bewähren. Bereits auf der Versuchsfahrt 1935 wurden Aluminium-Kondensatoren verwendet, die keine Beanstandungen ergeben haben. Heute konnten bereits Fahrtleistungen von über 30000 km bei einer Betriebsdauer von über 8 Monaten erzielt werden. Aluminium bietet ferner noch die Möglichkeit einer Gewichtsersparnis, die für die ortsbeweglichen Anlagen von Vorteil ist.

Am widerstandsfähigsten hat sich V2A-Stahlblech gezeigt, das im Auslande, besonders in der Schweiz, vorwiegend verwendet wird, aber die Gaserzeuger verteuert. Aus diesem Werkstoff werden die Oberteile der Gaserzeuger, ferner die Kondensatoreinsätze und der obere Teil des Feuerherdes, soweit noch mit einer Kondensation zu rechnen ist, hergestellt.

Bei Verwendung von fossilen Brennstoffen kann der Mantel des Gaserzeugers aus gewöhnlichem Eisenblech bestehen. Im Betrieb treten lediglich Abzunderungen durch Rostbildung auf, die sich aber in erträglichen Grenzen halten.

Auch die Reiniger und Gasleitungen unterliegen dem zerstörenden Einfluß der bei der fortschreitenden Abkühlung des Gases sich ausscheidenden Flüssigkeitsmengen. Diese Kondensate reagieren bei Verwendung von Holz und Holzkohle im Unterschied zu den Schwelkondensaten alkalisch und enthalten größere Mengen Ammoniak. Dadurch werden die Eisenbleche angegriffen, so daß innerhalb gewisser Zeitabstände eine Erneuerung dieser Teile erforderlich wird. Diese Abnützungen halten sich jedoch in erträglichen Grenzen, so daß bis jetzt keine Veranlassung bestand, das gewöhnliche Eisenblech durch widerstandsfähigeres Material zu ersetzen. Eine Verwendung von Messingblech zur Herstellung der Gaskühler (Vorsatzkühler) ist zu vermeiden, da Messing weniger widerstandsfähig ist als z. B. Eisen.

Bei Verwendung von fossilen Brennstoffen reagiert jedoch das Kondensat sauer infolge der sich bildenden schwefligen Säure. Dadurch werden die Leitungen und Reiniger in stärkerem Maße angegriffen, als bei Holz und Holzkohle. Es entstehen in den Rohrleitungen recht erhebliche Abzunderungen, wobei die Gefahr besteht, daß nach mehrtägigen Betriebsunterbrechungen Zunderteile in den Motor mitgerissen werden. Besonders die Drosselklappen werden durch die chemischen Verunreinigungen stark in Mitleidenschaft gezogen und dürfen keinesfalls aus Messingblech hergestellt werden. Überhaupt muß bei diesen Brennstoffen die Verwendung von Messing in den Gasleitungen unterbleiben. Man hat auch bereits versucht, die Rohrleitungen und Reiniger mit einem säurebeständigen Schutzüberzug zu versehen. Erfahrungen liegen jedoch zur Zeit noch nicht in ausreichendem Maße vor.

Bei derartigen fossilen Brennstoffen empfiehlt es sich stets, vor einer mehrtägigen Außerbetriebsetzung die Leitungen und Reiniger sorgfältig zu entlüften, indem man einige Zeit reine Luft hindurchbläst. Derartige Vorrichtungen sind daher stets vorzusehen. Am einfachsten geschieht dies dadurch, daß man den Motor nach Beendigung des Gasbetriebs einige Minuten mit Benzin allein laufen läßt. Dadurch werden auch die Zylinderlaufflächen und die Ventile der zerstörenden Wirkung der Gasreste entzogen. Es konnte wiederholt beobachtet werden, daß die Beschädigung hauptsächlich nach der Außerbetriebnahme durch zurückbleibende Gasreste erfolgt, weshalb eine sorgfältige Entlüftung von Wichtigkeit ist.

7. Gaszusammensetzung.

Bereits früher wurde auf die Unterschiede hinsichtlich der Reaktionsfähigkeit der verschiedenen Brennstoffe hingewiesen. Dadurch wird die Gaszusammensetzung stark beeinflußt; außerdem spielt noch der Belastungsgrad eines Gaserzeugers und seine Bauart eine wesentliche Rolle. Ein gutes Gas muß erstens einen möglichst hohen Heizwert ergeben, zweitens eine gute Zündfähigkeit besitzen und drittens weitgehend unabhängig sein vom Betriebszustand des Gaserzeugers. Dabei streben stets der Gemischheizwert und die Zündfähigkeit einem Bestwert zu, da die Zündeigenschaften eines Gases (s. Abschnitt D 1) mit steigendem Wasserstoffgehalt günstiger, dafür aber die übrigen brennbaren Teile geringer werden. Dies bewirkt, daß im allgemeinen einer Steigerung des Wasserstoffgehaltes eine kleine Verringerung des Gemischheizwertes gegenübersteht, da der Wasserstoff bezogen auf den Raumgehalt den geringsten Heizwert aller brennbaren Gase besitzt. Aus einer großen Zahl von Untersuchungen kann ein Wasserstoffgehalt von 10 bis 12% bei mäßigen Motordrehzahlen als ausreichend gelten.

Geringere Werte ergeben stets eine träge Verbrennung im Motor und damit besonders bei hohen Drehzahlen eine ungenügende Leistung. Dieser Wasserstoffgehalt muß daher als unterster Grenzwert gelten und kann bis zu einem gewissen Grade beeinflußt werden durch eine Steigerung der Verbrennungstemperaturen mittels entsprechender Ausgestaltung der Abmessungen des Feuerraums. Die richtige Wahl dieser Abmessungen wird wohl stets Sache des Versuchs sein.

Eine Abhängigkeit der Gaszusammensetzung von dem Betriebszustand des Gaserzeugers, insbesondere von den Temperaturen in der Brennzone und der Gasgeschwindigkeit, ist immer vorhanden, aber bei den einzelnen Brennstoffen und Gaserzeugerbauarten stark verschieden. Hierdurch wird in erster Linie die Trägheit[1] des Gaserzeugers bei Belastungswechsel beeinflußt. In dieser Frage wird jedoch weniger die Bauart des Gaserzeugers, als die Beschaffenheit des Brennstoffes ausschlaggebend sein. Recht günstige Ergebnisse zeigt hier neben Holz und Holzkohle besonders der Braunkohlenschwelkoks. Letzterer liefert ein Gas, das seine Zusammensetzung nur in ganz geringem Maße ändert.

Für die verschiedenen Brennstoffe sollen im Nachstehenden Angaben über die Gaszusammensetzung gegeben werden, die, soweit nichts anderes angegeben ist, eigenen Versuchen entstammen.

Holz. Die Beschaffenheit des Holzgases ist bedingt durch die Verteilung der Verbrennungsluft in der Feuerzone (s. Abschnitt C 4). Die verschiedenen Gaserzeugerbauarten weichen darin erheblich voneinander ab. Für den Beharrungszustand ergeben sich bei einer abgesaugten Gasmenge von 100 Nm³/h folgende Werte (Holzfeuchtigkeit 11%, Buchenstückholz):

Düsenanordnung	Gastemp. °C t_g	H_2	CO	CH_4	O_2	CO_2	N_2
Randdüsen . .	310	17	20,2	1,8	0,4	12,2	48,4
Mitteldüsen . .	420	16	20	1,2	0,6	11,5	50,7

Kühne gibt als Mittelwert aus einer Reihe von Versuchen für lufttrockenes Buchenholz an[2]:

Wassergehalt	Unterer Heizwert des Holzes kcal/kg	H_2	CO	CH_4	CO_2
10—25%	3200—3500	18,5	21,7	1,8	11

Versuche mit anderen Holzarten, besonders mit Weichholz, ergaben ähnliche Werte; auch ist die Maschinenleistung annähernd dieselbe. Lediglich die Beschaffenheit der Holzkohle zeigte Unterschiede. Bei Weichholz neigte letztere zum Zerfallen, weshalb eine öftere Entleerung notwendig ist (s. Abschnitt B 2).

---

[1] Siehe Kraftfahrtechn. Forschungshefte 1937 Heft 9.
[2] Kühne: Z. VDI 1934 S. 1241.

Bei den Holzgaserzeugern bleibt die Gaszusammensetzung ziemlich gleichmäßig, bis die Füllung etwa zu 80% leergebrannt ist. Dann zeigt sich eine Verschlechterung in einem allmählichen Absinken der brennbaren Gasbestandteile. Gleichzeitig steigen die Gastemperaturen stark an. Grundsätzlich sollte ein Holzgaserzeuger mit Rücksicht auf seine Lebensdauer niemals ganz leergebrannt werden.

Holzkohle. Auch hier bleibt die Gaszusammensetzung weitgehend gleichmäßig. Um einen genügenden Wasserstoffgehalt zu bekommen, muß eine bestimmte Wassermenge dem Gaserzeuger zugeführt werden. Der übliche Weg hierzu ist, der Vergasungsluft Wasserdampf zuzusetzen und dieses Wasserdampf-Luftgemisch dem Gaserzeuger zuzuführen. Eine andere Bauart versucht, mit der Feuchtigkeit die bereits in der Holzkohle enthalten ist, allein auszukommen. Letzteres Verfahren ergibt wesentlich höhere Feuerraumtemperaturen. Infolge der hohen Reaktionsfähigkeit der Holzkohle wird die Gaszusammensetzung nur wenig von dem Belastungsgrad des Gaserzeugers beeinflußt.

Es ergaben sich folgende Werte:

	H_2	CO	CH_4	O_2	CO_2	N_2
Mit Wasserdampfzusatz . .	13,2	28,4	2,1	0,3	2	54
Ohne Wasserdampfzusatz .	11	29	0,3	0,2	2,5	57[1]
Feuchtigkeit der Holzkohle 5%	5,6	31,7	2,6	0,0	2,4	58,7[2]

Das Holzkohlengas unterscheidet sich vom Holzgas durch seinen niedrigeren Wasserstoffgehalt, aber höheren CO-Gehalt. Besonders stark tritt dieser Unterschied hervor, wenn der Gaserzeuger ohne Wasserdampfzusatz betrieben wird. Das Gas wird im letzteren Fall sehr zündträge und eignet sich zum Betrieb rasch laufender Motoren nicht mehr.

Braunkohlenschwelkoksgas. Infolge der günstigen Reaktionsfähigkeit des Schwelkokses erhält man ein ziemlich hochwertiges Gas, das allerdings nicht ganz die Werte des Holz- und Holzkohlengases erreicht. Die Gaszusammensetzung im Laufe des Betriebs bleibt fast gleichmäßig, ein Zeichen dafür, daß die Reaktionsfähigkeit dieses Brennstoffes selbst nach längerer Einwirkung hoher Temperaturen erhalten bleibt. In dieser Beziehung steht also dieser Brennstoff dem Holz und der Holzkohle ziemlich nahe.

Obgleich der Braunkohlenschwelkoks im Mittel etwa 10% Wasser enthält, reicht dieser Wassergehalt allein noch nicht aus. Es muß stets noch Wasserdampf zugesetzt werden. Innerhalb gewisser Grenzen ist dieser Brennstoff ziemlich unempfindlich gegenüber der zugesetzten Wasserdampfmenge. Das Gas besitzt im Mittel folgende Zusammensetzung:

---

[1] Typentafel R.D.A. 1935.
[2] Kühne: RKTL-Schriften Heft 60 S. 42.

	CO	H_2	CH_4	CO_2	O_2	N_2
Abwärtsvergasung	23	14	0,9	7	0,2	54,9
Aufwärtsvergasung	30,8	12	0	3,6	0,4	53,5[1]

Infolge des hohen Schwefelgehaltes im Brennstoff enthält das Gas bei größeren Mengen von Schwefelverbindungen besonders Schwefeldioxyd und Schwefelwasserstoff, die auf die Metallteile nachteilig einwirken, wenn die Gastemperatur unter den Taupunkt gesunken ist. Eine gründliche Waschung des Gases mittels Wasser beseitigt diese schädlichen Anteile zu einem großen Teil und macht das Gas erst für die motorische Verbrennung brauchbar.

Torfkoksgas. Der Torfkoks hat in seinem Verhalten große Ähnlichkeit mit der Holzkohle und kann auch in den üblichen Holzkohlengaserzeugern verwendet werden. Auch hier ist ein Wasserdampfzusatz aus denselben Gründen wie bei Holzkohle erforderlich. Nach Untersuchungen des Kaiser-Wilhelm-Instituts (Mülheim/Ruhr) besitzt das Gas im günstigsten Fall folgende Zusammensetzung:

CO	H_2	CH_4	CO_2	O_2	N_2
28,8	13,8	1,7	4,2	0	51,5

Der Torfkoks ist sehr reaktionsfähig und steht der Holzkohle nur wenig nach. Je nach der verwendeten Gaserzeuger-Bauart und der zugesetzten Wasserdampfmenge können kleine Änderungen in der Gaszusammensetzung eintreten.

Steinkohlenschwelkoks. In gewöhnlichem Zustand zeigt der Steinkohlenschwelkoks eine gute Reaktionsfähigkeit. Seine Zündfähigkeit ist sehr gut, da der Brennstoff noch größere Mengen flüchtiger Bestandteile enthält, die kurze Anblasezeiten ermöglichen. Diese Bestandteile entweichen bei der Inbetriebnahme und ergeben zunächst ein sehr gutes Gas. Nach beendigter Entschwelung verringert sich jedoch die Reaktionsfähigkeit, dadurch sinkt im Laufe des Betriebs der Wasserstoffgehalt, während sich der Kohlenoxydgehalt im allgemeinen nur wenig ändert. Durch den geringen Wasserstoffgehalt wird dann das Gas sehr zündträge. Versuche haben ergeben, daß man das Absinken des Wasserstoffanteils bei Anwendung der Abwärtsvergasung zum Teil verhindern kann. Dann sinkt allerdings der CO-Anteil und damit auch der Gemischheizwert etwas. Dagegen behält das Gas eine genügende Zündfähigkeit. Jedoch treten nach Betriebspausen oder bei wechselnder Last Schwierigkeiten auf, so daß der Übergang zur Abwärtsvergasung noch nicht ohne weiteres empfohlen werden kann.

Die Güte des Gases wird bei diesem Brennstoff stark von der zugesetzten Wasserdampfmenge beeinflußt. Allgemein gültige Zahlen über

---

[1] **Schulte:** Hauptversammlung des VDI 1936, Berichtsheft S. 83.

3*

die erforderliche Wassermenge lassen sich kaum angeben, da diese für die verschiedenen Bauarten stark voneinander abweichen.

Kurz nach der Inbetriebsetzung zeigt das Gas sehr gute Eigenschaften. Der Heizwert und die Zündfähigkeit sind so hoch, daß die Zündkerzen vielfach Schwierigkeiten machen und hohe Glühwerte verlangen. Nach etwa 20 min verschlechtern sich jedoch die Eigenschaften infolge Beendigung der Entschwelung und man erhält ein Gas von folgender Zusammensetzung:

	CO %	H_2 %	CH_4 %	O_2 %	CO_2 %	N_2 %
Aufwärtsvergasung	29—30	6—8	1,6	0,3	1,4	61,7—58,7
Abwärtsvergasung	22	12	1,1	1	6	57,9

Außerdem enthält bei Aufwärtsvergasung das Gas je Nm^3 noch folgende Bestandteile:

$$0,1 \text{ —} 0,2 \text{ g } NH_3$$
$$0,2 \text{ —} 0,8 \text{ g } H_2S$$
$$0,01 \text{—} 0,02 \text{ g organ. S.}$$

Die vorstehend genannten Zahlen entsprechen der Dauerleistung, und bleiben in der genannten Höhe annähernd während der ganzen Betriebsdauer bestehen. Schwierigkeiten entstehen bei diesem Brennstoff bisweilen bei der Wiederinbetriebsetzung nach längeren Stillstandspausen. Wenn auch in dieser Beziehung die Bauart des Gaserzeugers, besonders hinsichtlich der Feuerraumtemperaturen und damit der Schachtabmessungen von Einfluß ist, so dürfte allgemein die Aufwärtsvergasung gegenüber der Abwärtsvergasung im Vorteil sein.

Anthrazit. Hier gilt allgemein dasselbe wie bei Steinkohlenschwelkoks. Die Gasverschlechterung macht sich jedoch bei hohen Feuerraumtemperaturen noch nachteiliger bemerkbar, da Anthrazit von allen Brennstoffen die kleinste Reaktionsfähigkeit besitzt. Auf Grund vorliegender Untersuchungen kann gesagt werden, daß sich Anthrazit für Verwendung in Hochleistungs-Gaserzeugern nur wenig eignet, da nur bei mäßigen Belastungen dauernd ein Gas von guten Eigenschaften gebildet werden kann. Zum Unterschied gegenüber Steinkohlenschwelkoks sinkt hier infolge Verminderung der Reaktionsfähigkeit im allgemeinen nicht nur der Wasserstoff-, sondern auch der CO-Gehalt. Mit Rücksicht auf die starken Schwankungen in der Gaszusammensetzung soll auf eine Angabe von Zahlenwerten verzichtet werden. Anthrazit dürfte sich vorwiegend für die Verwendung in gering belasteten ortfesten Gaserzeugern eignen.

Braunkohlenbrikett. Über die Verwendungsmöglichkeit dieses Brennstoffes in Hochleistungs-Gaserzeugern liegen nur ganz wenig Ergebnisse vor. Hier sei vor allen Dingen verwiesen auf Arbeiten, die von Seberich am Kaiser-Wilhelm-Institut in Mülheim/Ruhr durchgeführt wurden[1]. Dabei ergab sich als mittlere Gaszusammensetzung:

CO	H_2	CH_4	CO_2
22—24%	13—16%	1%	8—10%

Dieser Gaserzeuger arbeitet mit Abwärtsvergasung; das Gas war praktisch teerfrei.

Auch bei der Versuchsfahrt 1935 mit heimischen Treibstoffen lief ein Versuchsfahrzeug mit, dessen Gaserzeuger mit Braunkohlenbrikett nach dem Verfahren der Querströmung betrieben wurde. Dabei soll auf den Versuchsbericht verwiesen werden[2].

D. Die Gasmaschinen.

1. Die motorische Verbrennung des Gases.

Die beiden wichtigsten brennbaren Bestandteile des Sauggases sind der Wasserstoff und das Kohlenoxyd. Dagegen tritt das Methan mengenmäßig stark zurück. Außerdem sind zum Teil noch Spuren von schweren Kohlenwasserstoffen enthalten, die aber für die Beurteilung eines solchen Gases außer Betracht bleiben können. Alle übrigen Bestandteile sind nicht brennbar und müssen als notwendiges Übel mitgeschleppt werden.

Die Heizwerte der Einzelbestandteile betragen auf das Nm^3 (0° C und 760 mm Hg) bezogen (s. Tabelle).

	H_u kcal/Nm^3	L_{th} m^3/Nm^3
Kohlenoxyd CO . .	3040	2,38
Wasserstoff H_2 . . .	2580	2,38
Methan CH_4	8526	9,52

Der Heizwert dieser Gase ist stark verschieden. Am wertvollsten ist demnach das Methan, während der Wasserstoff erheblich abfällt. In der letzten Spalte ist der theoretische Luftbedarf angegeben. Aus den genannten Werten läßt sich der Heizwert eines beliebigen Gemisches berechnen, der in Abb. 7 zusammen mit dem theoretischen Luftbedarf in Abhängigkeit von Wasserstoff- und Kohlenoxydgehalt dargestellt ist. Dabei ist der Berechnung ein mittlerer Methangehalt von 1,5% zugrunde gelegt. Dies erscheint ohne weiteres zulässig zu sein, da die tatsächlichen Werte in der Regel zwischen 1 und 2% liegen, und nur in Einzelfällen, z. B. bei Überwiegen des Schwelgasanteils bei neugefülltem Gaserzeuger höhere Werte annehmen können.

Aus dieser Zusammenstellung wurden die Gemischheizwerte ermittelt, wobei mit einem Luftüberschuß von 10% ($\lambda = 1{,}1$) gerechnet wurde. Dieser Wert konnte bei verschiedenen Messungen als günstigster

---

[1] Siehe Seberich: Brennstoff-Chem. 1934 S. 204. — [2] Reinsch: Z. VDI 1935 S. 1543.

Mittelwert gefunden werden. In der Abb. 8 sind die Gemischheizwerte in Abhängigkeit vom Wasserstoff- und Kohlenoxydgehalt aufgetragen.

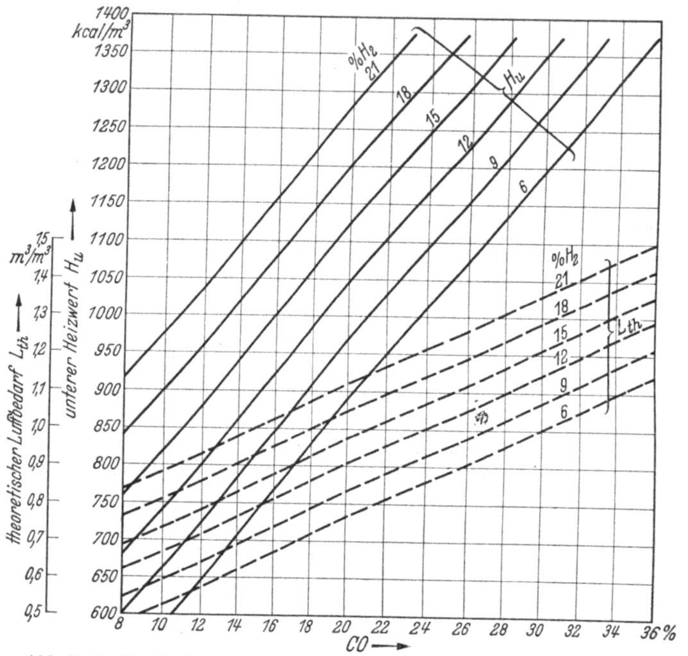

Abb. 7. Luftbedarf und Heizwert in Abhängigkeit von der Gaszusammensetzung.

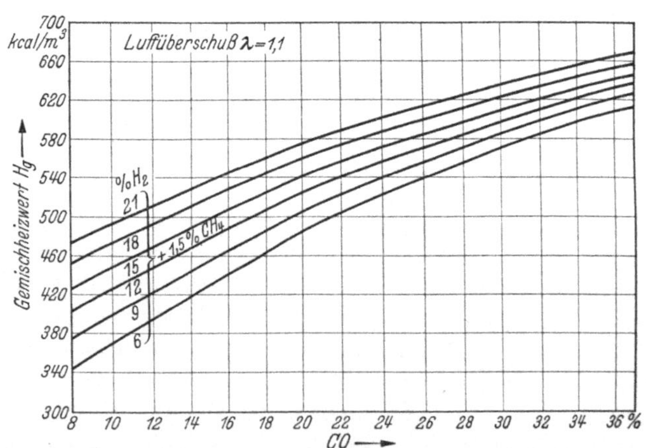

Abb. 8. Gemischheizwert in Abhängigkeit von der Gaszusammensetzung.

Daraus ist ersichtlich, daß der Gemischheizwert innerhalb gewisser Grenzen bei einer Änderung der Gaszusammensetzung nur wenig schwankt.

Neben dem Gemischheizwert des Gases sind für die motorische Verbrennung und für die erzielbare Motorleistung noch die Zündeigenschaften des Gases wichtig. Auch in dieser Richtung verhalten sich die einzelnen Gaskomponenten recht verschieden. Die Zündeigenschaften der wichtigsten brennbaren Einzelbestandteile zeigt Abb. 9[1]. Daraus ist vor allem ersichtlich, daß die Zündgeschwindigkeit von dem Mischungsverhältnis mit der Verbrennungsluft abhängig ist, daß sie

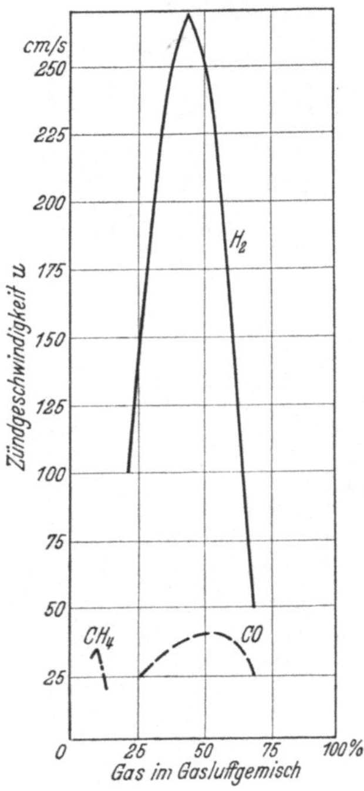

Abb. 9. Zündgeschwindigkeit von Gasluftgemischen.

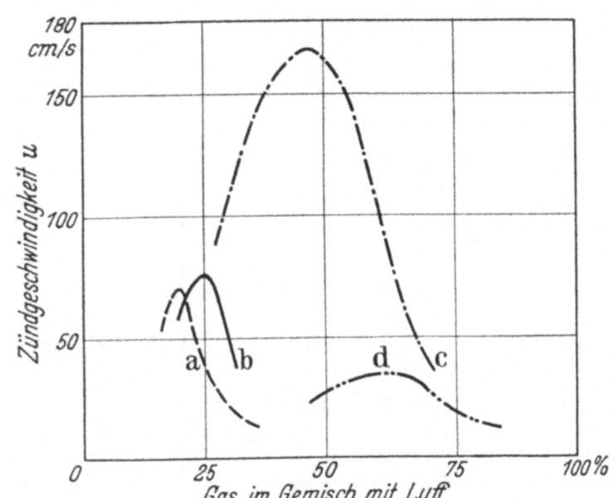

Gas	Gehalt an						
---	CO_2	schweren Kohlenwasserstoffen	O_2	CO	H_2	CH_4	N_2
	%	%	%	%	%	%	%
a	1,6	3,6	1,0	5,5	54,2	27,2	6,9
b	4,5	2,4	0,2	20,8	51,8	14,9	5,4
c	0,2	—	0,4	47,0	50,5	—	1,9
d	4,4	—	—	29,1	10,2	—	56,3

Abb. 10. Zündgeschwindigkeit von 4 technischen Gasen im Gemisch mit Luft.

aber bei den Einzelbestandteilen stark voneinander abweichen. Während Wasserstoff sehr hohe Zündgeschwindigkeiten besitzt, liegen diese bei Kohlenoxyd und Methan erheblich niederer. Die Darstellung zeigt, daß die Höchstwerte stets im Gebiete des Gasüberschusses liegen.

Bei Kohlenwasserstoffverbindungen verschiebt sich mit steigendem Molekulargewicht der Höchstwert der Zündgeschwindigkeit immer mehr nach dem theoretischen Mischungsverhältnis für vollkommene Verbrennung.

Den Verlauf der Zündgeschwindigkeiten einiger technischer Gase zeigt Abb. 10. Unter a bis c ist Leuchtgas bzw. Wassergas, unter d

---

[1] Mitt. aus dem Gasinstitut Karlsruhe, Brückner u. Löhr: Brenntechn. Bewertung technischer Gase. Z. VDI 1936 S. 1275.

ein Sauggas zu verstehen. Entsprechend dem geringeren Heizwert und dem niederen Wasserstoffgehalt des letzteren sind die Zündgeschwindigkeiten im Falle d erheblich kleiner.

Für ein beliebig zusammengesetztes Gas wurde von Bunte und Litterscheid[1] die Tafel der Abb. 11 angegeben, die es ermöglicht, mit Annäherung die Zündgeschwindigkeiten eines technischen Gases

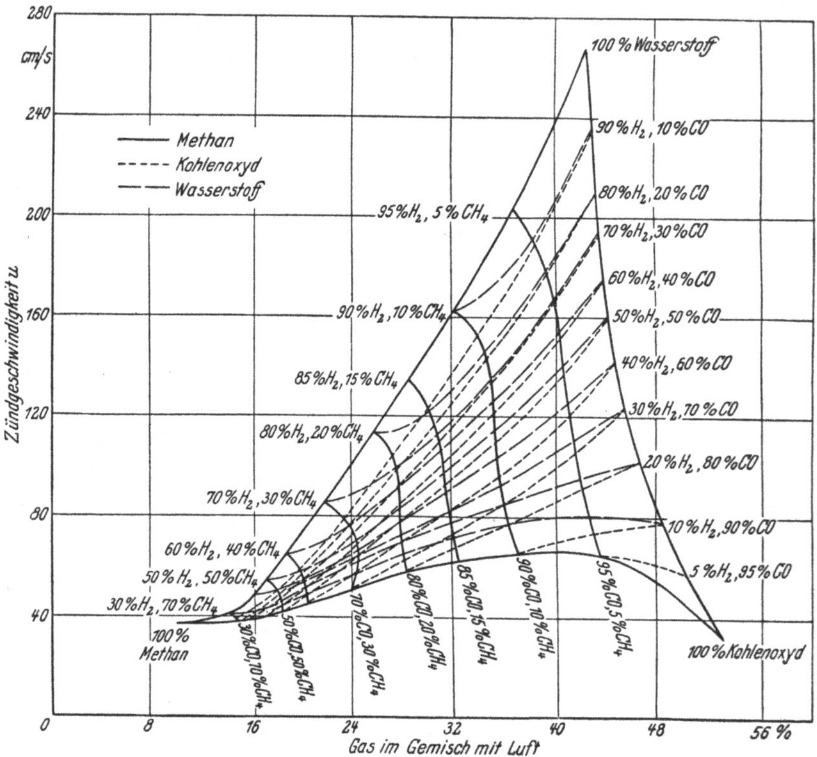

Abb. 11. Zündgeschwindigkeit von Wasserstoff-Kohlenoxyd-Methan-Gemischen in Mischung mit Luft.

zu ermitteln. Als Abszisse wurde das Verhältnis der brennbaren Anteile im Gas zur Verbrennungsluft gewählt. Die brennbaren Einzelbestandteile des Gases sind dabei auf den Gesamtgehalt an brennbaren Gasen bezogen. Für ein Gas mit 14% Wasserstoff und 22% Kohlenoxyd erhielt man beispielsweise eine angenäherte Zündgeschwindigkeit von 1,4 m/s.

Alle angegebenen Zündgeschwindigkeiten gelten für normalen Atmosphärendruck der Gas-Luftgemische, und steigen mit der Druckerhöhung an, weshalb es vorteilhaft ist, die Verdichtung so weit zu erhöhen, als

---

[1] Bunte u. Litterscheid: Gas- u. Wasserfach 1930 S. 837.

es die Selbstzündungstemperaturen des Gemisches zulassen. Außerdem sind die Zündgeschwindigkeiten vom Mischungsverhältnis abhängig. Dieses Verhältnis Gas zu Luft muß stets in den Grenzen guter Zündfähigkeiten liegen.

Für ein Sauggas von folgender Zusammensetzung:

18,5% CO; 17,7% H_2; 1,8% CH_4; 1,2% O_2; 9,6% CO_2; 50,9% N_2

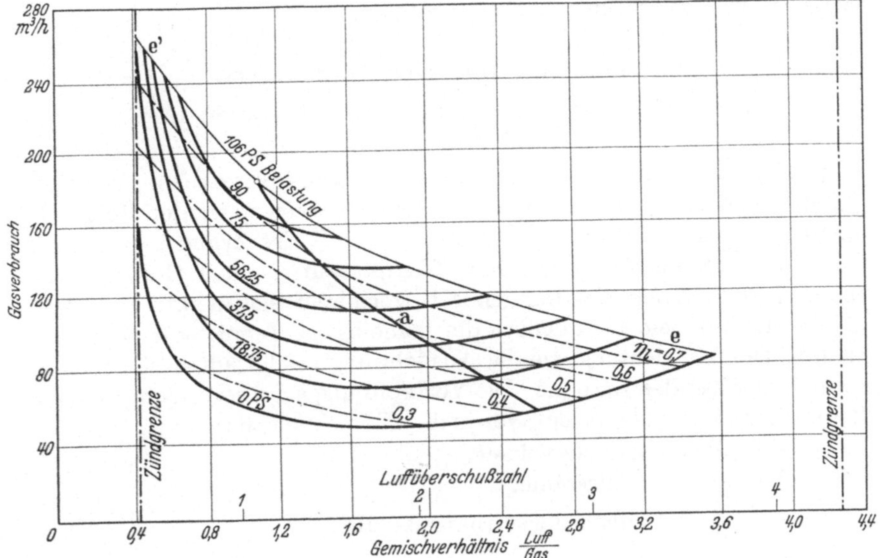

Abb. 12. Gemischverhältnis und Gasverbrauch bei verschiedenen Belastungen.

wurden von Schnürle[1] die Zündgrenzen des Gemisches bei verschiedenen Verdichtungsverhältnissen gemessen zu:

Verdichtungsdruck kg/cm²	Zündbereich für λ
8	4,05—0,44
12	4,25—0,4
16	4,14—0,401
18	4,07—0,413

Die Zündgrenzen liegen sehr weit auseinander und sind praktisch unabhängig vom Verdichtungsverhältnis. In welcher Weise das Mischungsverhältnis den Gasverbrauch und die Maschinenleistung beeinflußt, zeigt Abb. 12. Als Versuchsmaschine diente eine ortfeste Maschine mit Füllungs- und Gemischregelung. (Einzylindermaschine $D = 410$ mm, $s = 600$ mm, $n = 215$ U/min.) Bei einem Mischungsverhältnis 1,1 : 1 wurden als Höchstleistung 106 PS gemessen. Die Regelung der Maschine erfolgte mittels des Reglers nach der eingezeichneten Kurve a.

---

[1] Schnürle: Versuche an der Gasmaschine ATZ 1934 S. 300.

Gleichzeitig sind in der Abbildung die Zündgrenzen des Gemisches eingetragen. Daraus ist ersichtlich, daß innerhalb des Regelbereiches einer solchen Maschine die Zündgrenzen nicht erreicht werden.

Im Fahrzeugbetrieb wird die richtige Einstellung des Mischungsverhältnisses stets dem Gefühl des Fahrers überlassen bleiben müssen. Bei einiger Übung stehen dem keine besonderen Schwierigkeiten entgegen. Bei richtigen Mischorganen (s. Abschnitt D 3) wird ein Nachregulieren nur selten erforderlich werden.

2. Verdichtung, Vorzündung, Zünddruck.

Die thermisch-theoretischen Unterlagen des „Otto"-Verfahrens.

Um den Einfluß der Verdichtung auf den theoretischen Arbeitsprozeß im Maschinenzylinder bestimmen zu können, werden folgende Annahmen gemacht: Der Verdichtungsraum V_2 des Zylinders ist nach jedem Auspuff mit Abgas von einer Temperatur $t_a = 400°$ C ausgefüllt. Das neu eintretende Gas-Luftgemisch vermischt sich derart mit dem Abgasrest, daß beides schließlich die gemeinsame Temperatur t_l ° C annimmt. Die Verdichtung wie die Ausdehnung erfolgt adiabatisch, d. h. mit gleichbleibender Entropie. Die Verbrennung geht bei unverändertem Raum V_2 und „vollkommen" vor sich. Es bezeichnet:

$V_1 = 1\,\mathrm{m}^3$ das Zylindervolumen.

V_2 den Verbrennungsraum.

$$\varepsilon = \frac{V_1}{V_2} \text{ das Verdichtungsverhältnis; also:}$$

$$V_2 = \frac{V_1}{\varepsilon} = \frac{1}{\varepsilon} \text{ den Verdichtungsraum}$$

$$V_H = V_1 - V_2 = 1 - \frac{1}{\varepsilon} \text{ das Hubvolumen.}$$

$V_{1_0}, V_{2_0} \ldots$ Nm³ den auf Zustand 0° C und 760 mm Hg zurückgeführten Inhalt von V_1 und $V_2 \ldots$

$t_{1,\,2,\,3,\,4}$ die Temperaturen.

$p_{1,\,2,\,3,\,4}$ bei Beginn „1" und Ende „2" der Verdichtung, bei Beginn „3" und Ende „4" der Ausdehnung.

$t_M = 20°$ C die Temperatur des Gas-Luftgemisches vor dem Zylinder.

$t_A = 400°$ C die Temperatur des Gasrestes am Ende des Ausschiebens im Raum V_2.

Das der Rechnung zugrunde liegende Gas hat folgende Zusammensetzung:

$$H_2 = 15\% ; \quad CO = 22\% ; \quad CH_4 = 2\% ; \quad N_2 = 55\% ; \quad CO_2 = 6\%.$$

Der untere Heizwert ergibt sich zu:

$$H_u = 0,15 \cdot 2580 + 0,22 \cdot 3040 + 0,02 \cdot 8526 = 1227 \text{ kcal/Nm}^3.$$

1 Nm³ dieses Gases benötigt eine theoretische Luftmenge:

$$L_{th} = 1,071 \text{ Nm}^3 \text{ zur Verbrennung und es entstehen:}$$

$0,19\ \mathrm{Nm^3\ H_2O} + 0,3\ \mathrm{Nm^3\ CO_2} + 1,396\ \mathrm{Nm^3\ N_2}$ zusammen $1,886\ \mathrm{Nm^3}$ Brenngas.

In der Folge werde mit einer Luftüberschußziffer $\lambda = 1,1$ gerechnet; dann wird die wirkliche Luftzufuhr: $1,1 \cdot 1,071 = 1,1781\ \mathrm{Nm^3}$. Aus $1\ \mathrm{Nm^3}$ Gas und $1,1781\ \mathrm{Nm^3}$ Luft $= 2,1781\ \mathrm{Nm^3}$ Gemisch entstehen $0,19\ \mathrm{Nm^3\ H_2O} + 0,3\ \mathrm{Nm^3\ CO_2} + 0,0225\ \mathrm{Nm^3\ O_2} + 1,4806\ \mathrm{Nm^3\ N_2}$, zusammen $1,9931\ \mathrm{Nm^3}$ Brenngas mit 1227 kcal frei werdender Wärme. Somit entstehen aus $1\ \mathrm{Nm^3}$ Gemisch:

$$0,087\ \mathrm{H_2O} + 0,138\ \mathrm{Nm^3\ CO_2} + 0,01\ \mathrm{O_2} + 0,638\ \mathrm{N_2} = 0,918\ \mathrm{Nm^3}$$

Verbrennungsgase mit 564 kcal.

Die Zusammensetzung von $1\ \mathrm{Nm^3}$ der Mischung aus Gas und Luft ist:

$$0,028\ \mathrm{CO_2} + 0,009\ \mathrm{CH_4} + 0,101\ \mathrm{CO} = 0,113\ \mathrm{O_2} + 0,069\ \mathrm{H_2} + 0,68\ \mathrm{N_2} =$$
$$0,963\ \mathrm{Nm^3}\ \text{2-atomige Gase} + 0,028\ \mathrm{Nm^3\ CO_2} + 0,009\ \mathrm{Nm^3\ CH_4}.$$

Die Zusammensetzung von $1\ \mathrm{Nm^3}$ Brenngas ist:

$$0,1503\ \mathrm{Nm^3\ CO_2} + 0,0948\ \mathrm{Nm^3\ H_2O} + 0,0109\ \mathrm{Nm^3\ O_2} + 0,744\ \mathrm{Nm^3\ N_2}.$$

Die Mischungstemperatur t_l des Abgasrestes und des Gas-Luftgemisches und die Lademenge berechnet sich wie folgt:

Es sei: Der Gasrest V_{A0}
die Gemischladung V_{M0} $\Big\}$ in $\mathrm{Nm^3}$ bei $T_0 = 273°$ C.

So besteht die Gewichtsgleichung: $V_{A0} + V_{m0} = V_1 \dfrac{T_0}{T_1} = V_{10}$. Hieraus

$T_1 = \dfrac{T_0}{V_{M0} + V_{A0}}$; ferner die Wärmegleichung (hierbei sei für Gasrest und Gemisch gleiche spezifische Wärme C angenommen):

$$V_{A0}\, t_A\, C + V_{M0}\, C\, t_M = (V_{A0} \cdot C + V_{M0} \cdot C) \cdot t_l$$

$$V_{A0} \cdot t_A + V_{M0} \cdot t_M = (V_{A0} + V_{M0})(T_1 - 273) = (V_{A0} + V_{M0}) \cdot \left(\frac{T_0}{V_{M0} + V_{A0}} - 273 \right).$$

Mit $t_A = 400°$ C; $t_M = 20°$ C ergibt sich hieraus schließlich:

$$V_{M0} = 0,939 - 2,31\ V_{A0}.$$

Rechenergebnisse:

Fall	$\varepsilon = \dfrac{V_1}{V_2}$	$V_2\ \mathrm{m^3}$	$V_{A0} = V_2 \dfrac{273}{673}$	$V_{M0}\ \mathrm{Nm^3}$	$t_l\ °\mathrm{C}$	$V_{10} = V_{M0} + V_{A0}$ $\mathrm{Nm^3}$ im Zylinder
a	6	0,176	0,0677	0,785	47	0,8527
b	8	0,125	0,0507	0,822	40	0,8727
c	10	0,100	0,0405	0,846	35	0,8865

Durchrechnung eines Falles a: Verdichtungsverhältnis $\varepsilon = 6$.

Verdichten: Es beteiligen sich $V_{A0} = 0,0677\ \mathrm{Nm^3}$ Abgasrest und $0,785\ \mathrm{Nm^3}$ Brenngemisch.

$0,0677\ \mathrm{Nm^3}$ Abgas   sind $0,0511$ 2-atom. $+ 0,00642\ \mathrm{H_2O} + 0,01012\ \mathrm{CO_2}$
$0,7850\ \mathrm{Nm^3}$ Gemisch sind $0,7560$ 2-atom. $+ 0,02195\ \mathrm{CO_2} + 0,00705\ \mathrm{CH_4}$

zus.: $V_0 = 0,8527\ \mathrm{Nm^3}$ $0,8071$ 2-atom. $+ 0,00642\ \mathrm{H_2O} + 0,03207\ \mathrm{CO_2} +$
$0,00705\ \mathrm{CH_4}$

Die Werte für die Entropie S bei konstantem Volumen und der Wärmeinhalt sind mit Hilfe der in der Literatur angegebenen Werte S_I und J_I für 1 Nm³ gemäß $S = \Sigma\,(S_I \cdot V)$ und $J = \Sigma\,(J_I \cdot V)$ berechnet und nachstehend zusammengestellt:

Gasart	Gas Nm³	$t = 200°$ C		$t = 400°$ C		$t = 600°$ C	
		S	J	S	J	S	J
2-atom.	0,80710	0,0968	50,7	0,1630	101,7	0,2130	154,0
H_2O . .	0,00642	0,0010	0,5	0,0017	1,0	0,0022	1,5
CO_2 . .	0,03213	0,0058	2,8	0,0102	6,0	0,0139	9,6
CH_4 . .	0,00705	0,0011	0,6	0,0020	1,2	0,0028	1,9
Summe	0,85270	0,1047	54,6	0,1769	109,9	0,2319	167,0

Die einer isothermischen Verdichtung zugehörige Entropieänderung ist $S_t = V_0 \cdot 0,2041 \cdot \ln \varepsilon = 0,8527 \cdot 0,2041 \cdot \ln 6 = 0,1352$ Entropieeinheiten. Der Wärmeinhalt bei konstantem Volumen ist:

$$J_V = J - 0,0886 \cdot t \cdot V_0 = J - 0,0755 \cdot t \ \text{kcal.}$$

Der Vorrat an gebundener Wärme ist $Q_1 = 564 \cdot V_{M0} = 564 \cdot 0,785 =$ 442 kcal.

Verbrennen. Nachstehende Zahlenzusammenstellung gibt die Rechenergebnisse für den Wärmeinhalt J und die Entropie S der Verbrennungsgase:

Gasrest	Gas Nm³	$t = 400°$ C		$t = 800°$ C		$t = 1200°$ C	
		S	J	S	J	S	J
2-atom.	0,5951	0,1200	75,0	0,1880	15,3	0,2375	237,0
H_2O . .	0,0744	0,0194	11,3	0,0302	23,5	0,0386	36,6
CO_2 . .	0,1182	0,0376	21,8	0,0625	46,8	0,0812	74,5

Gasrest	Gas Nm³	$t = 1600°$ C		$t = 2000°$ C		$t = 2400°$ C	
		S	J	S	J	S	J
2-atom.	0,5951	0,2780	323,0	0,3085	410,0	0,3340	502,0
H_2O . .	0,0744	0,0461	51,5	0,0535	69,8	0,0607	90,7
CO_2 . .	0,1182	0,0965	104,3	0,1098	137,0	0,1220	170,0

ergibt zusammen: Gas $= 0,7877$ Nm³.

	$t = 400°$ C	$t = 800°$ C	$t = 1200°$ C	$t = 1600°$ C	$t = 2000°$ C	$t = 2400°$ C
Entropie	0,1770	0,2807	0,3573	0,4206	0,4718	0,5167
Wärmeinhalt . .	108,1	223,3	348,1	478,8	616,0	762,7

Die einer isothermischen Ausdehnung zugehörige Entropieänderung ist: $S_t = V_0 \cdot 0,2041 \cdot \ln \varepsilon = 0,7877 \cdot 0,2041 \cdot \ln 6 = 0,1250$ Entropieeinheiten. Der Wärmeinhalt bei konstantem Volumen ist:

$$J_V = J - 0,0886 \cdot V_0 \cdot t = J - 0,0886 \cdot 0,7877 \cdot t = J - 0,0698 \cdot t.$$

Die Ergebnisse sind in Abb. 13 dargestellt. Die dort beigefügten erläuternden Bemerkungen werden das Lesen der Tafel erleichtern.

Nunmehr läßt sich das Wärmeäquivalent der geleisteten Ausdehnungsarbeit $AL_{\text{Ausdehnung}} = 244$ kcal, das der aufzuwendenden Verdichtungsarbeit $AL_{\text{Verdichtung}} = 61$ kcal ablesen. Somit wird die durch das ideelle Diagramm angezeigte Arbeit:

$$L_{\text{ideell}} = \frac{AL_{\text{Ausdehnung}} - AL_{\text{Verdichtung}}}{A} = 427 \cdot (244 - 61) = 78\,141 \text{ mkg.}$$

Hieraus ergibt sich der ideelle mittlere Druck in kg/cm²:

$$p_{\text{ideell}} = \frac{L_{\text{ideell}}}{10000 \cdot V_{\text{Hub}}} =$$

$$\frac{78\,141 \cdot 6}{10000 \cdot 5} = 9,4 \text{ kg/cm}^2$$

und der thermische Wirkungsgrad (theoretisch):

$$th = \frac{AL_{\text{ideell}}}{Q_1} =$$

$$\frac{244 - 61}{442} = 0,415.$$

In gleicher Weise sind die Verhältnisse für Fall b und c, d. h. für die Verdichtungsverhältnisse $\varepsilon = 8$ und $\varepsilon = 10$ untersucht.

Die Zusammenstellung der Ergebnisse (Abb. 14) gewährt einen Einblick in die Einflüsse des Verdichtungsverhältnisses gegenüber dem Wert $\varepsilon = 6$. Er zeigt vor allem, wie sich die Leistung gemäß dem wachsenden mittleren Druck erhöht. Freilich sind weit höhere Steigerungen des Zünddrucks,

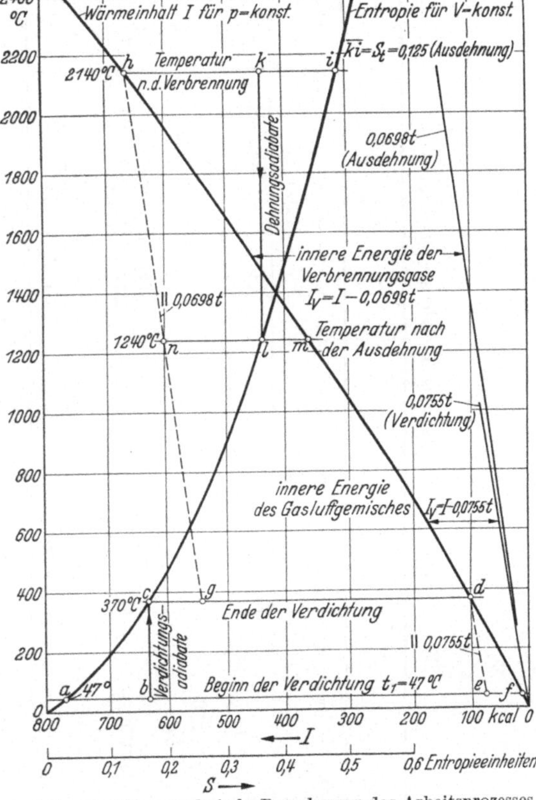

Abb. 13. Wärmetechnische Berechnung des Arbeitsprozesses einer Gasmaschine.

dagegen weniger der Zündtemperatur in Kauf zu nehmen. Wenn auch hier rein theoretisch die Vorgänge behandelt wurden, so werden die tatsächlichen Vorgänge im wesentlichen ebenfalls verhältnisgleich den theoretischen durch das Verdichtungsverhältnis ε beeinflußt werden.

In der Abb. 14 und nebenstehender Tafel sind die Ergebnisse der theoretischen Berechnung für verschiedene Verdichtungsverhältnisse wiedergegeben.

Zusammenstellung der Rechenergebnisse.

Verdichtungsverhältnis	6	8	10
Temperatur am Ende der Verdichtung °C Verbrennung °C	370 2140	425 2290	480 2285
Drücke gemäß $p = \left(\dfrac{p_0}{T_0} \cdot \dfrac{V_0}{V} \cdot T \right)$ kg/cm² $p = \dfrac{1{,}033}{273} \dfrac{V_0}{V} (t^0 + 273) = \dfrac{t+273}{264{,}2} \cdot \dfrac{V_0}{V}$ Am Ende der Verdichtung Verbrennung	$\dfrac{643}{264{,}2} \cdot \dfrac{0{,}8527}{0{,}167} = 12{,}4$ $\dfrac{2413}{264{,}2} \cdot \dfrac{0{,}7877}{0{,}167} = 43{,}0$	$\dfrac{698}{264{,}2} \cdot \dfrac{0{,}8727}{0{,}125} = 18{,}4$ $\dfrac{2493}{264{,}2} \cdot \dfrac{0{,}8057}{0{,}125} = 60{,}8$	$\dfrac{753}{264{,}2} \cdot \dfrac{0{,}8865}{0{,}1} = 25{,}3$ $\dfrac{2558}{264{,}2} \cdot \dfrac{0{,}8167}{0{,}1} = 76{,}0$
$\eta_{th} = \dfrac{AL_{\text{Dehnung}} - AL_{\text{Verdichtung}}}{Q_1}$	$\dfrac{244-61}{442} = 0{,}415$	$\dfrac{292-79}{463} = 0{,}46$	$\dfrac{332-96}{477} = 0{,}494$
Mittlerer Druck des ideellen Diagramms $p_m = \dfrac{\eta_{th} \cdot Q_1 \cdot A}{10000\,(V_1 - V_2)}$	$\dfrac{0{,}415 \cdot 442}{10000 \cdot 427 \left(1 - \dfrac{1}{6}\right)} = 9{,}4$	$\dfrac{0{,}46 \cdot 463}{10000 \cdot 427 \cdot \left(1 - \dfrac{1}{8}\right)} = 10{,}4$	$\dfrac{0{,}494 \cdot 477}{10000 \left(1 - \dfrac{1}{10}\right) \cdot 427} = 11{,}4$ kg/cm²

Über den tatsächlichen Einfluß der Verdichtung auf Leistung und Zünddruck liegen eine Reihe von Versuchen vor. Abb. 15 [1] stellt den Einfluß der Verdichtung auf die Motorleistung dar. Dabei wurde ein Hanomag - Schleppermotor 4 Zylinder $D = 96$; $s = 150$ mm; mit einem Imbert-Holzgaserzeuger verwendet. Infolge der trägen Ver-

brennung fiel bei einem Verdichtungsverhältnis 5,17 die Leistung bei höheren Drehzahlen rasch ab. Deutlich geht der Einfluß der Verdichtung aus Abb.16 [2] hervor. Als Versuchsmaschine diente ein ortfester Motor von $D = 410$; $s = 600$ bei $n = 215$ U/min. Die Leistungszunahme wird mit steigender Verdichtung geringer. Gleichzeitig sinkt der Wärmeverbrauch der Maschine stark, so daß bei $\varepsilon = 10$ ein wirtschaftlicher Wirkungsgrad von 33% gegenüber einem solchen von 30% bei $\varepsilon = 7$ erzielt werden konnte. Mit steigender Verdichtung wachsen aber auch die Zünddrücke stark an, wobei der Lauf der Maschine unruhig wird. Im allgemeinen bleibt man bei Gasmaschinen unter einem Zünddruck von 35 kg/cm². Dies entspricht somit einer Verdichtung von $\varepsilon = 8$. Nur bei einer Umstellung

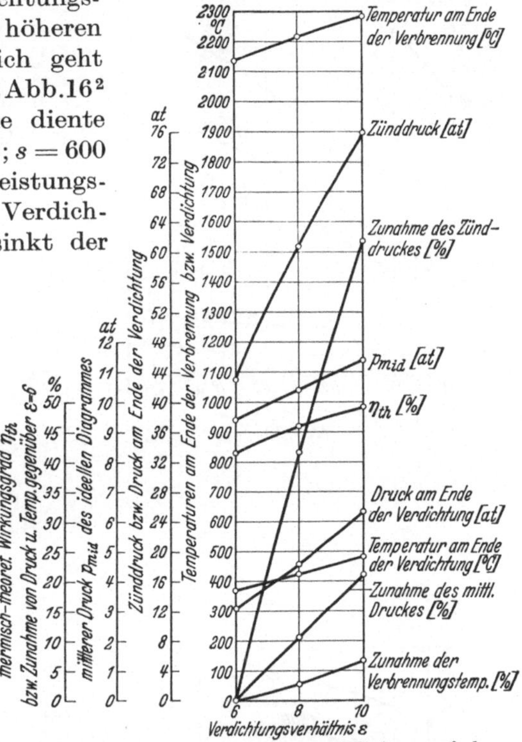

Abb. 14. Einfluß des Verdichtungsverhältnisses auf den theoretischen Arbeitsprozeß einer Gasmaschine.

von Dieselmotoren auf Gasbetrieb lassen sich höhere Verdichtungsverhältnisse entsprechend der stärkeren Bemessung des Triebwerkes verwenden. Nach eigenen Untersuchungen an einem 6 Zylinder - Versuchsmotor ($D = 116$; $s = 150$; $n = 1000$) brachte eine Steigerung der Verdichtung von $\varepsilon = 5,6$ auf 8,2 eine Erhöhung des Zünddruckes von 26 auf 34 kg/cm².

Abb. 17 zeigt Versuchswerte an einem umgebauten 6 Zylinder-Fahrzeugdieselmotor $D = 110$; $s = 165$; $n = 1600$ unter Verwendung von Holzgas. Bei höheren Drehzahlen sanken infolge des zündträgen Gases die effektiven Drücke erheblich ab.

---

[1] Kühne: RKTL-Schriften, Beuth-Verlag 1935 H. 60.
[2] Die Abb. 16, 18, 19 und 20 sind dem Berichtsheft der VDI - Hauptversammlung 1936 entnommen (Untersuchungen von Schnürle, S. 249 f.).

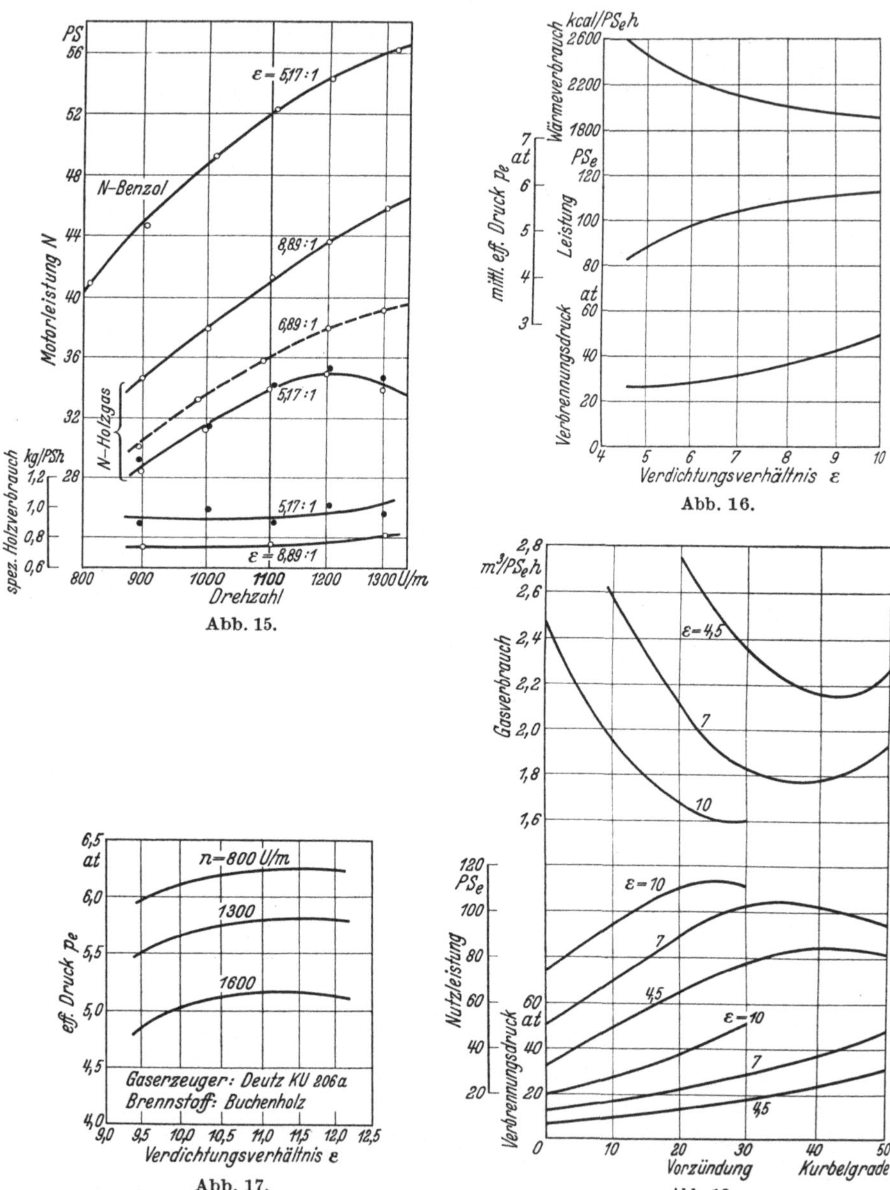

Abb. 15.

Abb. 16.

Abb. 17.

Abb. 18.

Abb. 15. Motorleistung und spezifischer Holzverbrauch bei verschiedenen Verdichtungsverhältnissen und Drehzahlen.

Abb. 16. Leistung, Wärmeverbrauch und Verbrennungsdruck bei verschiedenen Verdichtungsverhältnissen.

Abb. 17. Einfluß des Verdichtungsverhältnisses auf den effektiven Druck bei verschiedenen Drehzahlen.

Abb. 18. Leistung, Gasverbrauch, Verbrennungsdruck bei verschiedenen Verdichtungsverhältnissen und Zündzeitpunkten.

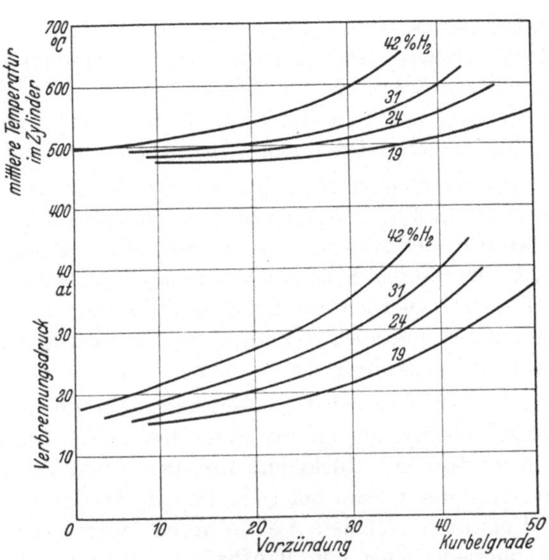

Abb. 19. Verbrennungsdruck und Mitteltemperatur im Zylinder bei Sauggas mit verschiedenem Wasserstoffgehalt.

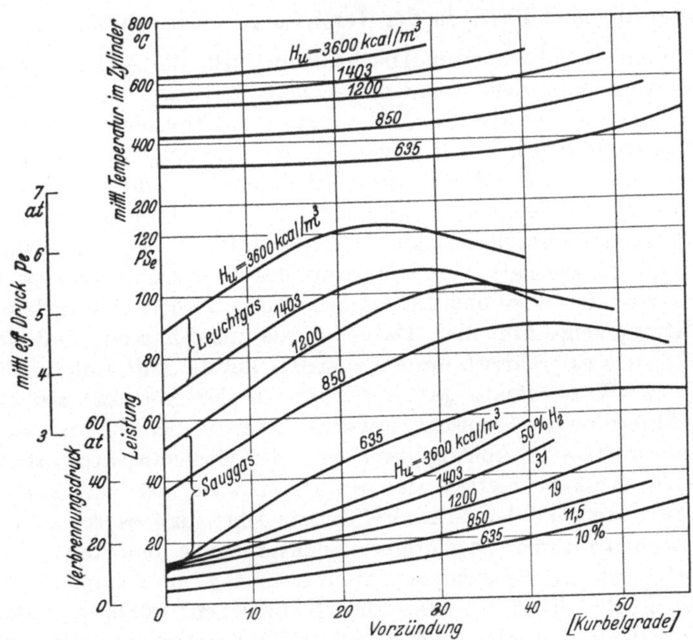

Abb. 20. Leistung, Verbrennungs- und Mitteltemperatur im Zylinder bei Gasen mit verschiedenem Heizwert.

Ein derartiger Abfall kann außerdem durch größere Vorzündung etwas gemildert werden. Den Einfluß der Vorzündung zeigen die Abb. 18 bis 20. Diese Werte beziehen sich auf dieselbe Maschine wie Abb. 16. Die günstigste Vorzündung liegt demnach zwischen 30 und 40°, kann aber bei höheren Drehzahlen noch etwas höher liegen.

Besonders interessant sind die Abb. 19 und 20, in denen Versuchsergebnisse über den Einfluß des Wasserstoffgehaltes auf die Zündeigenschaften des Gases in der Maschine dargestellt sind. Durch künstlichen Wasserstoffzusatz wurde das Sauggas angereichert und damit die Zündeigenschaft verbessert. Dies bewirkt bei gleicher Vorzündung eine Steigerung des Zünddruckes und auch der mittleren Temperatur im Zylinder. Den Einfluß auf die Leistung zeigt Abb. 20.

Daraus geht hervor, daß günstige Zündeigenschaften nur von einem bestimmten Wasserstoffgehalt an zu erwarten sind. 'Dieser Mindestgehalt dürfte besonders mit Rücksicht auf die hohen Drehzahlen neuzeitlicher Fahrzeugmotoren etwa bei 15% liegen. Ist der Anteil niederer, so werden die Leistungsergebnisse bei höheren Motordrehzahlen immer unbefriedigend bleiben. Über den Einfluß des Wasserstoffgehaltes auf die Zündeigenschaften siehe Abschnitt D 1.

3. Temperatur und Druck in der Gasleitung, Gemischbildung.

In den beiden vorhergehenden Abschnitten wurde die Abhängigkeit der Motorleistung von dem Gemischheizwert und der Verdichtung gezeigt. Dabei bezog sich der Gemischheizwert auf trockenes Gas. In Wirklichkeit enthalten jedoch alle Gase, die in Gaserzeugern gewonnen werden, noch eine gewisse Feuchtigkeit, die den Dampfgesetzen entsprechend von der Gastemperatur abhängig ist. Gleichzeitig wird der Gemischheizwert noch durch den Ansaugeunterdruck in der Gasleitung beeinflußt. Die prozentuale Verminderung des Gemischheizwertes in Abhängigkeit von der Gas- und Lufttemperatur und dem Unterdruck in der Gasleitung zeigt Abb. 21[1]. Dabei wurde angenommen, daß das Gas mit 100%, wie es praktisch immer zutrifft, und die Luft mit durchschnittlich 50% Wasserdampf gesättigt ist. In der Abb. 22[1] ist die theoretische Abnahme des Gemischheizwertes bei trockenem und wasserdampfgesättigtem Gas in Abhängigkeit von der Gastemperatur allein dargestellt. Die Aufgabe besteht also praktisch darin, das Gas soweit als möglich herunterzukühlen. Die Erfahrung lehrt, daß es selbst bei hohen Außentemperaturen und hoher Beanspruchung (starken Steigungen) möglich ist, eine Gastemperatur von 40° C zu erreichen. Letzteres ist eine Frage der Bemessung der Kühlflächen, wobei auf den Abschnitt G verwiesen werden soll. Bei 40° Gastemperatur hält sich

---

[1] Nach Dr. Tobler: Techn. Hochschule Zürich.

die Verminderung des theoretischen Gemischheizwertes bei 0° und 760 mm Hg um etwa 3 bis 4% in erträglichen Grenzen[1].

Versuchsmäßig wurde vom Verfasser der Einfluß des Gasdruckes vor der Maschine allein bei einer Gastemperatur von 40° C und gleich-

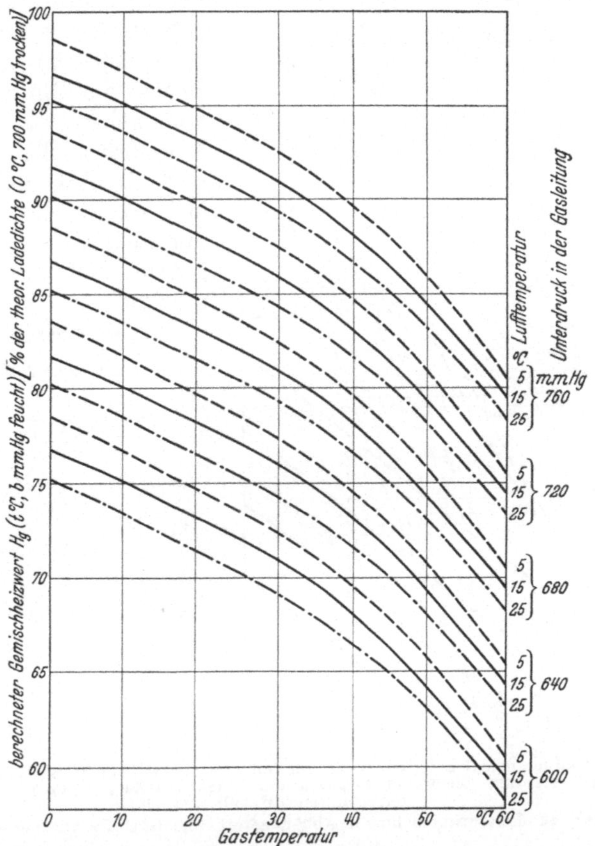

Abb. 21. Berechneter Gemischheizwert in Prozent ·der theoretischen Ladedichte in Funktion der Gas- und Lufttemperatur sowie des Druckes. Gas 100%, Luft 50% wasserdampfgesättigt; Luftbedarf des Gases 1 m³/m³.

bleibender Motordrehzahl untersucht (Abb. 23). Das Gas wurde der Maschine zugedrückt, es wurde also mit Druckgas gearbeitet. Diese gemessenen Werte stimmen ziemlich weitgehend mit den theoretisch zu erwartenden überein. Der Unterdruck in der Gasleitung hängt im praktischen Betrieb von den Widerständen in der Gasleitung und vor allem in den Reinigungseinrichtungen ab und liegt in den meisten Fällen

---

[1] Weitere Angaben über Leistungsverminderung bei höheren Gastemperaturen siehe **Mehlig**: Z. VDI 1936 S. 301.

4*

zwischen 500 und 1000 mm WS. Somit muß in Wirklichkeit mit einer Leistungsverminderung gegenüber der Leistung bei 760 mm Hg von 4 bis 11% gerechnet werden.

Daraus ist ersichtlich, daß bei Sauggasbetrieb vor allem durch Verminderung der Widerstände in der Gasleitung und den Reinigern noch ein erheblicher Leistungsgewinn zu erzielen ist, denn bisweilen liegen die Unterdrücke noch weit höher. Es wurden schon Unterdrücke bis 2000 mm WS und darüber gemessen. Daß sich hierbei eine durchaus unzureichende Motorleistung ergeben muß, ist leicht verständlich.

Ein weiterer Leistungsgewinn ist mit einer richtigen Ausbildung

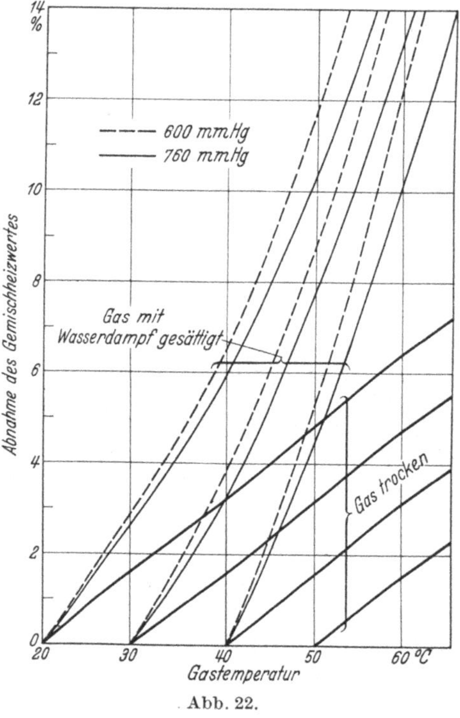

Abb. 22.

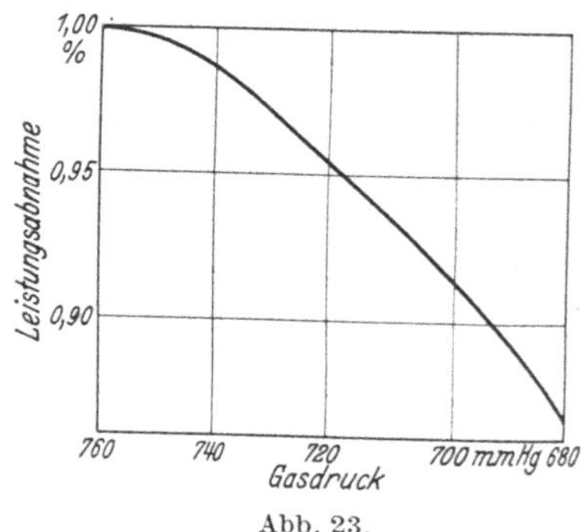

Abb. 23.

Abb. 22. Abnahme des Gemischheizwertes von Gas, das gesättigt an Wasserdampf ist bzw. dessen Wassergehalt konstant bleibt, in Funktion der Gastemperatur, bezogen auf die Vergleichstemperaturen 20°, 30° und 40° C.

Abb. 23. Leistungsabnahme in Abhängigkeit vom Gasdruck vor der Maschine.

der Gas-Luft-Mischvorrichtungen und der Form der Ansaugeleitungen zu erzielen.

Aufgabe der Mischdüse ist es, eine innige Mischung von Luft und Gas mit möglichst geringen Strömungsverlusten zu ermöglichen. Gleichzeitig soll sich die Düse weitgehend der veränderlichen Gasentnahme selbsttätig anpassen, damit die erforderliche Nachregulierung der Luft auf das äußerst notwendige Maß herabgedrückt wird.

Es wurde daher allgemein die in Abb. 24a dargestellte Düse mit radialem Lufteintritt verlassen, da infolge des Aufeinanderprallens von Gas- und Luftstrom Verluste auftraten. Außerdem ergab diese Ausführung eine nur mangelhafte Vermischung.

Heute sind die meisten Mischdüsen so ausgebildet, daß die Strömungs-
achse von Luft und Gas in dieselbe Richtung fällt. Abb. 25 zeigt eine
baulich sehr einfache Ausführung der italienischen Imbert-Gesellschaft.

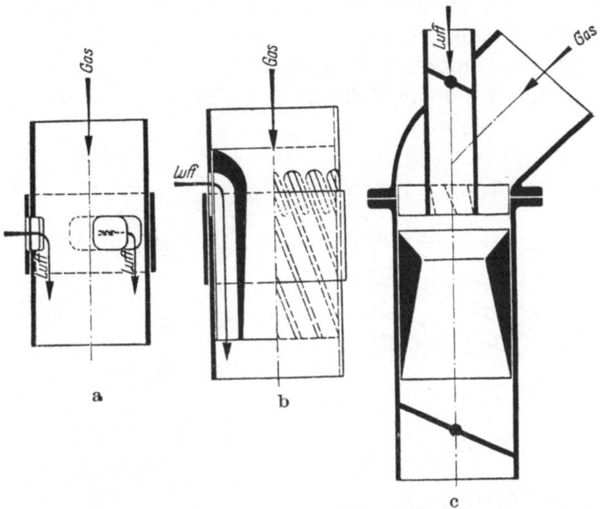

Abb. 24. Mischdüsen für Gas-Luft-Gemisch bei Sauggasbetrieb.

Vom Verfasser wurde früher die in Abb. 24 b dargestellte Ausführung
angegeben. Abb. 24 c stellt ebenfalls eine Bauart des Verfassers dar,
bei der eine gründliche Mischung dadurch erzielt wurde, daß dem Gasstrom durch schräggestellte Leitbleche eine rotierende Bewegung erteilt

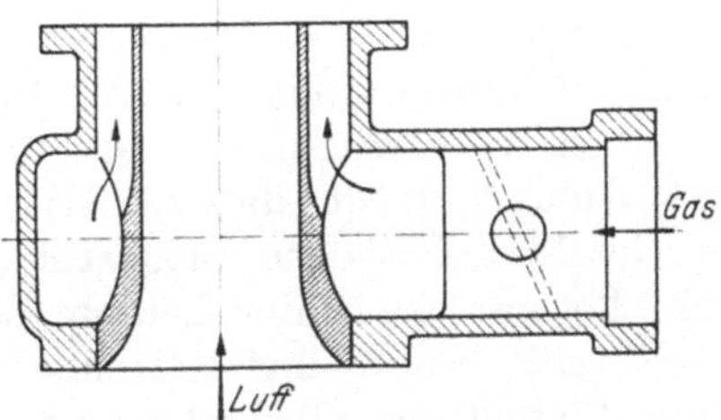

Abb. 25. Mischdüse für Sauggasbetrieb.

wurde. Die Mischung erfolgt an der Stelle größter Gasgeschwindigkeit.
An diese Einschnürung schließt sich ein Diffusor an, um die Strömungs-
energie wieder in Druckenergie soweit als möglich zurückzuverwandeln,
so daß der eintretende Druckverlust auf ein Mindestmaß beschränkt
bleibt.

Untersuchungen über verschiedene Formen der Ansaugerohre zeigten,
daß auch dann die Motorenleistung in günstigem Sinne beeinflußt

werden kann, wenn man eine gleichmäßige Füllung der einzelnen Zylinder
erreicht. Untersuchungen an den üblichen Ansaugerohren haben zum
Teil stark abweichende Zylinderfüllungen ergeben. Eine derartige Untersuchung läßt sich am einfachsten mit einer Meßfunkenstrecke ausführen,
die parallel zur Zündkerze geschaltet wird. Die Unterschiede in der
Zündspannung der einzelnen Zylinder, kenntlich an der Schlagweite
des Funkens, lassen auf die Füllung der Zylinder schließen.

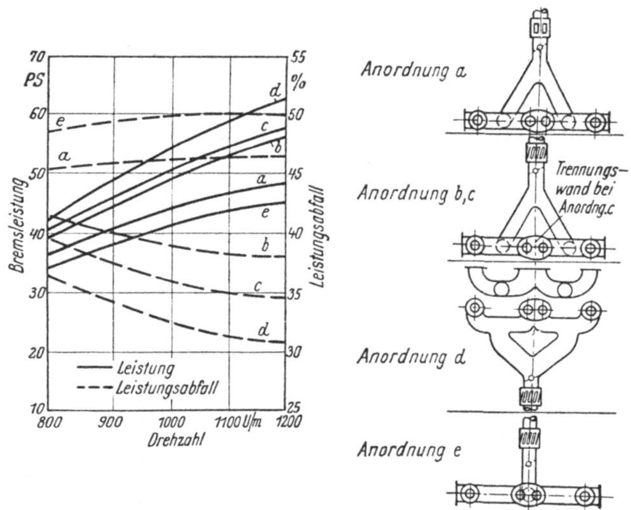

Abb. 26. Einfluß verschiedener Ansaugerohrformen auf Leistung und Leistungsabfall gegenüber
der Soll-Leistung bei Benzinbetrieb. Verdichtungsverhältnis $\varepsilon = 5,6$.

Leistungsuntersuchungen, die vom Verfasser an verschiedenen Ansaugerohren durchgeführt wurden, zeigt Abb. 26. Die dabei sich ergebenden Unterschiede waren recht erheblich. Die günstigsten Werte der
Anordnung d wurde dadurch erzielt, daß die Gasgemischwege von der
Mischdüse zu den einzelnen Zylindern möglichst gleich lang gemacht
und durch schlanke Bogenstücke in der Leitung jede Prallwirkung vermieden wurde. Gleichzeitig konnte durch Trennung des Ansaugerohres
in zwei Hälften der Einfluß der Überschneidung der Ventilöffnungs-
zeiten verringert werden, der ebenfalls eine ungleiche Zylinderfüllung
bewirken kann.

Zusammenfassend kann gesagt werden, daß gerade das heizwert-
arme Sauggas dringend die Beachtung aller noch so unwichtig er-
scheinenden Einflüsse verlangt, um eine zufriedenstellende Leistung zu
ergeben.

E. Die Gaserzeugerbelastung.

Die Güte eines Gases ist nicht nur abhängig von der Bauart des Gaserzeugers und der Beschaffenheit des Brennstoffes, sondern neben der durchgesetzten Wasserdampfmenge ganz besonders von der Temperatur der Feuerzone. Diese Temperatur steigt bei allen Gaserzeugern mit wachsender Gasentnahme an. Die Erfahrung lehrt, daß zur Erzeugung eines brauchbaren Gases eine ganz bestimmte Mindesttemperatur erforderlich ist, unterhalb welcher der Heizwert des Gases unzureichend bleibt, und vor allem bei fossilen Brennstoffen wie Anthrazit und Steinkohlenschwelkoks der Mangel an Wasserstoff das Gas zu zündträge macht. Damit ist der Begriff der Mindestbelastung eines Gaserzeugers festgelegt. Wird die Gasentnahme mehr und mehr gesteigert, so steigen die Temperaturen in der Feuerzone an, das Gas wird zunächst besser. Von einer bestimmten Belastung ab nimmt jedoch der Heizwert des Gases wieder ab; dabei steigt im allgemeinen der Kohlensäuregehalt bei fallendem Kohlenoxydgehalt, während der Wasserstoffanteil nur wenig beeinflußt wird. Diese Grenze gilt für die Dauerbelastung eines Gaserzeugers. Je weiter beide Belastungsgrenzen voneinander entfernt sind, um so anpassungsfähiger ist der Gaserzeuger an wechselnde Belastung. Dies ist für den Fahrzeugbetrieb von besonderer Bedeutung. Bei einer Laststeigerung über die Dauerbelastung hinaus nimmt im allgemeinen anfangs die Güte des Gases nur langsam ab, der Gaserzeuger ist also noch überlastbar und paßt sich insofern gut dem Verhalten des Motors an, als dessen Dauerlast auch unter der Spitzenlast liegt. Man wird also als Dauerbelastung für den Gaserzeuger den Wert der Motorbelastung zugrunde legen, die dieser auf längere Zeit durchhalten kann. Der Spitzenbelastung des Motors entspricht dann eine Überbelastung des Gaserzeugers, die dieser in den meisten Fällen bewältigen kann.

Eingangs wurde erwähnt, daß jedem Belastungsgrad eines Gaserzeugers eine bestimmte mittlere Temperatur in der Feuerzone entspricht. Wird plötzlich die Gasentnahme vergrößert, so vergeht eine gewisse Zeit, bis sich die Feuerraumtemperatur den neuen Verhältnissen angepaßt hat. Bis dies eingetreten ist, wird der Heizwert des Gases vorübergehend sich verschlechtern. Dies bedeutet, daß die Motorleistung nur allmählich den verlangten Wert erreichen wird. Dieses Nachhinken des Gaserzeugers macht sich besonders im Fahrzeugbetrieb störend bemerkbar, und soll als „Trägheit" des Gaserzeugers bezeichnet werden. Diese Trägheit so klein als möglich zu halten, ist von besonderer Bedeutung. Sie hängt in ähnlicher Weise wie die Temperatur außer von der Bauart des Gaserzeugers und vom Brennstoff auch von den Querschnittsabmessungen des Schachtes ab.

Die Bemessung des Gaserzeugerschachtes hat also nach drei Gesichtspunkten zu erfolgen:

1. Dauerbelastung,
2. Mindestbelastung,
3. Trägheit bei Lastwechsel.

An Hand von Erfahrungswerten sollen im folgenden die Möglichkeiten gezeigt werden, die eine rechnerische Vorausbestimmung der erforderlichen Schachtabmessungen gestatten.

Die Dauerbelastung. Die Grenztemperaturen in der Feuerzone bedingen eine bestimmte Schachtbelastung, deren Höhe durch die auf den vollen Schachtquerschnitt bezogene Gasgeschwindigkeit c_g bestimmt wird. Es interessiert hier besonders die obere zulässige Grenze dieser Geschwindigkeit, bei der man ein Gas mit den günstigsten motorischen Eigenschaften erhält. Es genügt hier nicht, das Gas lediglich nach seinem Heizwert zu beurteilen, da sich seine Zündeigenschaften mit der Zusammensetzung stark verändern. Auch aus der Kenntnis der Einzelbestandteile des Gases heraus läßt sich nur schwer seine Eignung feststellen. Als Maßstab für die Güte eines Gases kann nur die erzielbare Motorleistung und damit der effektive Druck p_e im Maschinenzylinder gelten.

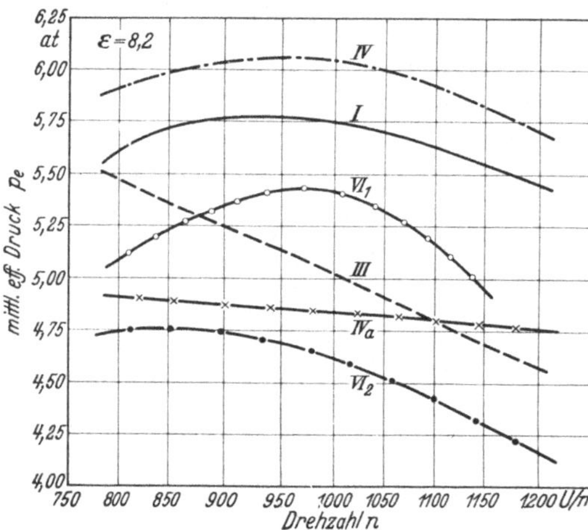

Abb. 27. Effektiver Druck in Abhängigkeit von der Drehzahl bei verschiedenen Brennstoffen und Gasen bei $\varepsilon = 8,2$. Es bedeuten: I Holzgas bei Randdüsenbauart; III Holzgas bei Mitteldüsenbauart; IV Holzkohlengas; IV₁ Braunkohlenschwelkoksgas; VI₁ Steinkohlenschwelkoksgas; VI₂ Anthrazitgas.

Diese Druckkurve zeigt beim Vollgasversuch stets bei einer ganz bestimmten Drehzahl einen Höchstwert, der in Abhängigkeit von der angesaugten Gasmenge gebracht werden kann. Die Größe des effektiven Druckes läßt eine einwandfreie Beurteilung von Heiz- und Zündwert eines Gases zu. Da jedoch der Zündvorgang im Verbrennungsraum des Motors noch abhängig von dessen Drehzahl ist, gelten die so ermittelten Werte streng genommen nur für eine ganz bestimmte Motorbauart. Immerhin weichen die Drehzahlen der heutigen Lastwagenmotoren nicht sehr viel voneinander ab; daher können die so erhaltenen Werte ohne zu großen Fehler verallgemeinert werden.

Für eine Reihe von Brennstoffen in Verbindung mit verschiedenen Gaserzeugerbauarten wurden in zahlreichen Versuchen die p_e-Kurven

(Abb. 27) ermittelt, deren Höchstwerte in folgender Zusammenstellung wiedergegeben sind:

Brennstoff	$p_{e\max}$ kg/cm²	n_opt l/min	F_g cm²	V Nm³/s	c_g m/s
Buchenholz 10—14% H_2O	5,8	950	2375[1]	0,0374	0,158
Holzkohle	6,1	970	1600[2]	0,038	0,237
St.-K.-Schwelkoks .	5,2	900	1450[3]	0,0354	0,244
Br.-K.-Schwelkoks .	5,1	850	1450[3]	0,0334	0,23
Anthrazit	4,75	850	1900[3]	0,0334	0,175

Die Buchstaben bezeichnen:

$p_e =$ effektiver Druck im Motorzylinder kg/cm².

$F_g =$ Schachtquerschnitt cm².

$V =$ angesaugte Gasmenge Nm³/s.

$c_g =$ Gasgeschwindigkeit bezogen auf den vollen Schachtquerschnitt m/s.

Infolge der Verschiedenartigkeit der einzelnen Bauarten mußten verschiedene Bezugsquerschnitte angenommen werden, die in den Bemerkungen näher bezeichnet sind. Da für Torfkoks und Braunkohlenbrikett keine Unterlagen vorliegen, können hierfür keine näheren Angaben gemacht werden. Dem allgemeinen Verhalten dieser Brennstoffe nach zu urteilen, dürften für sie die Werte von Steinkohlenschwelkoks bzw. Holzkohle gelten.

Mit Hilfe der so erhaltenen Werte der Gasgeschwindigkeit c_g lassen sich die erforderlichen Gaserzeugerquerschnitte berechnen. Es ist dann:

$$F_g = \frac{V}{c_g} \cdot 10^4 \text{ cm}^2.$$

Die erforderliche Gasmenge erhält man aus dem Hubvolumen des Motors unter Annahme des Lieferungsgrades 1

$$V = \frac{V_h \cdot n}{24} \cdot 10^{-4} \text{ m}^3/\text{s} \quad (V_h = \text{Hubvolumen in Liter}).$$

Die in der Tabelle angegebenen p_e-Werte gelten nur für die genannten Drehzahlen und für ein Verdichtungsverhältnis $\varepsilon = 8,2$. Für höhere Drehzahlen sind infolge des Einflusses der geringen Zündgeschwindigkeiten des Sauggases niederere Werte anzunehmen, die zum Teil noch durch Erhöhung der Verdichtung ausgeglichen werden können (s. Abschnitt D 2).

Bei einem anderen Rechnungsverfahren, das vielfach angewendet wird, geht man von dem stündlichen Brennstoffdurchsatz in kg je m² Schachtquerschnitt aus. Dieser spezifische Brennstoffdurchsatz soll mit σ bezeichnet werden und stellt eine Erfahrungszahl dar. Aus der

---

[1] Querschnitt des Schwelschachtes.

[2] Rostquerschnitt.

[3] Schachtquerschnitt an der Gasabsaugestelle.

Kenntnis der mittleren Gasausbeute φ in Nm^3/kg Brennstoff läßt sich dann der erforderliche Schachtquerschnitt berechnen aus der Beziehung:

$$F_g = \frac{V}{\varphi \cdot \sigma} \cdot 3{,}6 \cdot 10^7 \text{ cm}^2.$$

Die Zahlenwerte für φ und σ sind folgender Tabelle zu entnehmen:

Brennstoff	Gasausbeute φ Nm^3/kg	Spez. Brennstoff-durchsatz σ kg/m^3 h	Die Angaben beziehen sich auf den
Buchenholz 10—14% H_2O ..	1,9—2,3	250—300	Querschnitt des Schwelschachtes
Holzkohle	3,5—4	200—250	Rostquerschnitt
Anthrazit.	4,4—4,8	120—150	Querschnitt an der Gasabsaugestelle
St.-K.-Schwelkoks . .	4,1—4,6	150—170	desgl.
Br.-K.-Schwelkoks. .	3,1—3,6	180—200	desgl.
Braunkohlenbriketts .	2,4—3,12	—	—
Torfkoks	3,9—4,5	—	—

Beide Rechnungsverfahren liefern annähernd gleiche Werte. Eine vorübergehende Überbelastung des Gaserzeugers von etwa 20% ist ohne weiteres zulässig, höchstens muß dabei eine geringe Verschlechterung des Gases in Kauf genommen werden. Diese besteht, wie bereits eingangs erwähnt, in einem Sinken des Kohlenoxydgehaltes unter Erhöhung des Kohlensäureanteils, während der Wasserstoffgehalt sich in den angegebenen Grenzen kaum ändert, bisweilen sogar infolge der steigenden mittleren Temperatur eine geringe Erhöhung erfährt.

Bei fossilen Brennstoffen macht sich bei hohen Belastungen die Gasverschlechterung besonders unangenehm bemerkbar. Es treten dann auch Schwierigkeiten bei aussetzendem Betrieb auf, so daß es sich empfiehlt, die angegebenen Werte als Höchstbelastung anzunehmen.

In der angegebenen Weise läßt sich der Schachtquerschnitt an der in den Zahlentafeln angedeuteten Stelle ermitteln. Die übrigen Querschnittsabmessungen erhält man aus anderen Erwägungen (s. Mindestbelastung und Trägheit). Die erforderlichen Verengungen des Querschnittes in der Feuerzone sind besonders wichtig für die Holzgaserzeuger. Dort muß die Brennstoffumwandlung so vor sich gehen, daß der Holzkohlespiegel an der Eintrittstelle der Vergasungsluft auf gleichbleibender Höhe gehalten wird. Würde z. B. mehr Holzkohle abbrennen, als sich in derselben Zeit nach beendigter Entschwelung neu bildet, so würde unentschweltes Holz bis unter die Luftzutrittstelle gelangen. Die damit verbundene Gefahr, daß Schweldämpfe unzersetzt die Feuerzone passieren können, verlangt eine der Schrumpfung des Brennstoffvolumens entsprechende Querschnittverminderung.

Bei der Entgasung von 1 kg Holz erhält man im Mittel 0,35 kg Holzkohle bei einer Vergasungstemperatur von 400° C. Andererseits nimmt

1 kg Holzkohle einen Raum von 4 l und 1 kg Holz einen solchen von 3 l ein. Bezogen auf den Rauminhalt V des Holzes nimmt die nach der Entgasung zurückbleibende Holzkohle einen solchen von annähernd $0{,}5 \cdot V$ ein. Sollen also Holz- und Holzkohlenspiegel gleichmäßig absinken, so müssen sich die entsprechenden Querschnitte verhalten wie:

$$\frac{\text{Größter Schachtquerschnitt}}{\text{Querschnitt an der Lufteintrittsstelle}} = 0{,}5.$$

Bei ausgeführten Anlagen liegt diese Zahl meist zwischen 0,5 und 0,55, stimmt also mit dem aus obiger Überlegung erhaltenen Wert ziemlich überein.

Mindestbelastung. Bei allen Gaserzeugern nimmt die Güte des Gases mit sinkenden Feuerraumtemperaturen ab. Besonders trifft dies auf den Wasserstoffanteil zu, während der CO-Gehalt in geringerem Maße beeinflußt wird. Nach längerer kleinster Gasentnahme macht sich eine Gasverschlechterung besonders bei anschließender Lasterhöhung geltend, so daß die Gassäule leicht abreißt, ganz besonders bei einer plötzlichen starken Lasterhöhung. Der Gaserzeuger muß so beschaffen sein, daß er bei kleinster Gasentnahme während des Motorleerlaufs noch ein genügend zündfähiges Gas liefert. Dies kann man dadurch erreichen, daß man den Schachtquerschnitt in der Feuerzone etwas verengt. Einer Berechnung ist jedoch diese Maßnahme nicht zugänglich, vielmehr müssen die richtigen Abmessungen durch den Versuch ermittelt werden. Man wird natürlich mit Rücksicht auf die damit verbundene Steigerung des Unterdruckes und der Verringerung der Berührungsdauer zwischen Gas- und Brennstoff niemals weiter gehen als notwendig.

Eine Querschnittsverengung wirkt sich ferner noch vorteilhaft auf den Anblasevorgang aus, da in viel kürzerer Zeit die Brennzone auf die erforderliche Temperatur kommt und außerdem der Gaserzeuger viel leichter und gleichmäßiger über dem verengten Querschnitt angezündet werden kann. Dies trifft besonders für solche Brennstoffe zu, die an und für sich keine große Reaktionsfähigkeit besitzen.

Bei teerhaltigen Brennstoffen, insbesondere Holz, ist eine Querschnittsverminderung hinter der Brennzone notwendig, um eine restlose Aufspaltung der teerhaltigen Bestandteile des Schwelgases zu ermöglichen. Durch eine solche Querschnittsverengung können zu kalte Zonen im Holzkohlebett vermieden werden. Auch hier ist eine Berechnung nicht möglich, es muß in diesem Falle der Querschnitt so bemessen werden, daß auch bei andauernder kleinster Gasentnahme im Leerlauf noch ein teerfreies Gas erhalten wird. Nach ausgeführten Anlagen kann man diese Einschnürungen für Holzgaserzeuger annähernd aus der Beziehung bestimmen:

$$F_E = 34 \cdot \sqrt{V_0} \qquad \begin{array}{l} F_E = \text{engster Querschnitt in cm}^2. \\ V_0 = \text{Gasmenge im Leerlauf in Nm}^3/\text{h}. \end{array}$$

Diese Erfahrungsgleichung stützt sich auf zahlreiche Ausführungsbeispiele und gilt innerhalb der für Lastwagenmotoren üblichen Leistungsgrenzen. Die so erhaltenen Werte beziehen sich auf eine normale Betriebsweise. In besonderen Fällen, wenn sehr häufige und längere Leerlaufzeiten den Gaserzeuger nicht auf seine Normaltemperatur kommen lassen (Omnibus- und Müllabfuhrbetrieb), sind die Querschnitte noch etwas kleiner zu wählen. In diesem Falle muß jedoch mit einer Minderleistung infolge der auftretenden Drosselverluste gerechnet werden.

Die Trägheit. Eingangs wurde auf die Trägheit eines Gaserzeugers durch Nachhinken der Gasentwicklung bei wechselnder Last hingewiesen. Dieser Mangel an Anpassungsfähigkeit hängt besonders von der Reaktionsträgheit der einzelnen Brennstoffarten ab. Die Auswahl der Brennstoffe hat daher mit Rücksicht auf die Betriebsweise zu geschehen. Am günstigsten verhält sich bei häufigen Lastwechseln Holz und Braunkohlenschwelkoks; in geringem Abstand folgt die Holzkohle, während Steinkohlenschwelkoks und insbesondere Anthrazit viel träger sind.

Aber auch die Gaserzeugerbauarten spielen eine Rolle. Hier sei auf anderweitig veröffentlichte Untersuchungen[1] des Verfassers hingewiesen. Die Trägheit eines Gaserzeugers kann durch die Querschnittsabmessungen beeinflußt werden. Eine Querschnittsverengung wirkt sich stets trägheitsvermindernd aus. Die richtige Wahl ist Sache des Versuchs.

Ein zu großer Wassergehalt, sei es des Brennstoffes oder der Vergasungsluft (Wasserzusatz) wirkt trägheitsbegünstigend. Es muß daher insbesondere der Wasserzusatz der Belastung angepaßt werden, ebenso ist die Verwendung zu feuchten Brennstoffes nachteilig.

F. Die Entwicklung der Hochleistungs-Gaserzeuger.

Es soll in diesem Abschnitt versucht werden, in knapper Form einen Überblick über die verschiedenen Bauarten und ihre Entwicklung zu geben, wobei die Gaserzeuger nach den Brennstoffarten, für die sie gebaut wurden, geordnet sind. Diese Anordnung soll beibehalten werden, wenn auch verschiedene Bauarten wahlweise mit mehreren Brennstoffen betrieben werden können.

1. Die Holz-Gaserzeuger.

Als erste Bauform, die in Deutschland Verwendung fand, ist der Holzgaserzeuger Bauart Imbert zu nennen. Die Hauptmerkmale dieser Bauart sind: Zufuhr der Vergasungsluft mittels Randdüsen, Verzicht auf eine feuerfeste Auskleidung des Feuerherdes, Verlängerung des Gasweges in der Holzkohlenschicht durch Hochziehen der Holzkohle

---

[1] Kraftfahrtechn. Forschungsarbeiten 1937 Heft 9.

zwischen Feuerherd und Außenmantel, Verzicht auf einen Rost, wenigstens bei der Mehrzahl der Imbert-Gaserzeuger.

Die älteste Bauart (s. Abb. 28) hatte noch keinen Kondensator. Der Innenmantel, an den sich im unteren Teil der Herd anschloß, war bis nach oben an die Füllöffnung durchgezogen, während das Gas den Zwischenmantel durchströmt und oben abgezogen wird. Die Luft wurde ursprünglich mittels 7 Düsen zugeführt, die in getrennten Rohrleitungen an einen gemeinsamen Sammelkasten angeschlossen sind. Letztere Anordnung wurde bis heute beibehalten und bewirkte, daß die

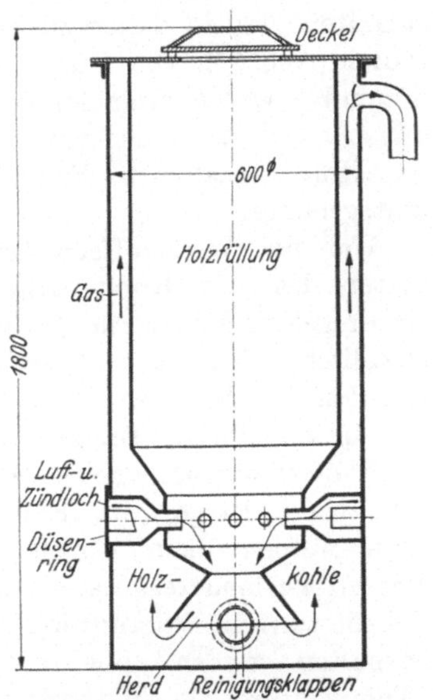

Abb. 28. Imbert-Holzgaserzeuger Baujahr 1932.

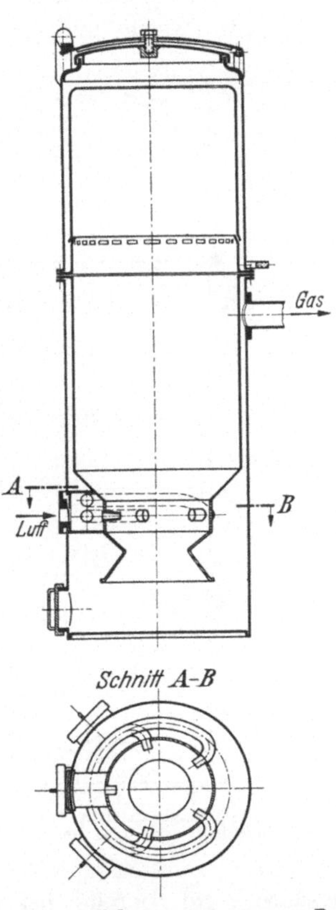

Abb. 29. Imbert-Holzgaserzeuger neuerer Bauart.

Luft möglichst gleichmäßig auf die einzelnen Düsen sich verteilt, und so eine gleichmäßige Feuerraumtemperatur gewährleistet. Diese Siebendüsenbauart wurde zwecks Verbilligung der Herstellung zunächst durch eine Dreidüsenanordnung ersetzt, die jedoch infolge ungleicher Temperaturverteilung sehr häufig ein teerhaltiges Gas ergab; sie wurde daher durch die noch heute übliche Fünfdüsenanordnung ersetzt (Abb. 29). Gleichzeitig wurde im oberen Teil ein Kondensator eingebaut, dem die Aufgabe zufiel, den bei der Vortrocknung des Holzes im oberen Teil des Gaserzeugers anfallenden Wasserdampf wenigstens teilweise zu kondensieren. In dem zwischen Kondensatoreinsatz und Außenmantel entstehenden Ringraum bildet sich eine nach abwärts gerichtete Strömung aus, wobei die leichter kondensierbaren Anteile, vor allem Wasserdampf, an der kalten Außenwandung kondensieren. Außer Wasserdampf sind noch Schwelgase vorhanden, und zwar in um so größeren Mengen, je weiter dieser Kondensator nach unten gezogen wird. Von den Schwelgasen kondensieren die leichter flüchtigen Teer- und Säuredämpfe (Essig- und Ameisensäure); letztere greifen das Eisenblech

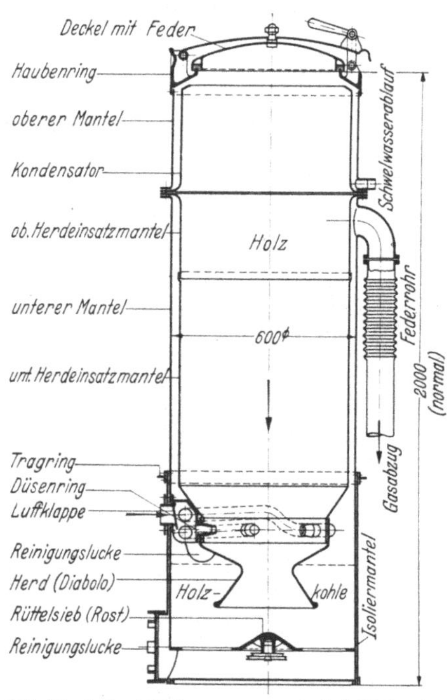

Abb. 30. Imbert-Holzgaserzeuger mit Rüttelrost der schweizerischen Imbert-Gesellschaft.

sehr stark an, weshalb man versucht hat, den Kondensatoreinsatz aus Kupfer oder V_2A-Stahl herzustellen (s. Abschnitt C 6). Eine Verkürzung des Kondensators erniedrigt den mengenmäßigen Anteil der korrodierenden Bestandteile und ist daher zu empfehlen (Abb. 30). Die ausgeschiedenen Wasserdampfmengen liegen zwischen $^1/_2$ bis $^1/_3$ des gesamten im Holz enthaltenen Feuchtigkeitsgehaltes.

Um die Werkstoffschwierigkeiten bei den Kondensatoren zu umgehen, kehrte die Imbert-Gesellschaft Köln unter Verzicht auf den Kondensator wieder zu der ursprünglichen Bauart, den nach oben durchgezogenen Herden, zurück. Die gesamten Schwelgase werden dann durch die Brennzone hindurchgesaugt, wobei die teerigen Bestandteile aufgespalten werden, ebenso die Essigsäure, die bereits bei mäßigen Temperaturen in Methan und Kohlensäure zerfällt, also unschädlich wird. Daher reagieren die Kondensate in den Gasleitungen und Reinigern niemals sauer, sondern infolge der Pottaschebildung stets alkalisch. Dadurch, daß bei diesem Verfahren der gesamte Wasserdampfgehalt durch die Feuerzone gesaugt wird, ergibt sich zwar eine Mehrbelastung der Feuerzone durch überschüssigen Wasserdampf, jedoch zeigen sich im Dauerbetrieb keine Schwierigkeiten; lediglich bei aussetzendem Betrieb und vielen Stillstandszeiten machen sich die großen Wasserdampfmengen nachteilig bemerkbar (Nässen der Holzkohle, erhöhte Anheizzeiten). In diesem Falle sollte auf den Kondensator nicht verzichtet werden.

Die meisten Gaserzeuger der Imbert-Bauart sind rostlos ausgeführt; lediglich die Ausführung der schweizerischen Imbert-Gesellschaft (Abb. 30) baut einen solchen serienmäßig ein. Auch die Bauart von Humboldt-Deutz (Abb. 31) verwendet einen solchen. Durch einen derartigen Rost ist es möglich, die Wartungszeiten herabzusetzen und allgemein die Bedienung zu erleichtern.

Der Holzgaserzeuger von Humboldt-Deutz (Abb. 31) führt die Vergasungsluft durch eine der Höhe nach verstellbare Mitteldüse zu. Ferner ist der Feuerkorb mit einer feuerfesten Auskleidung versehen. Das

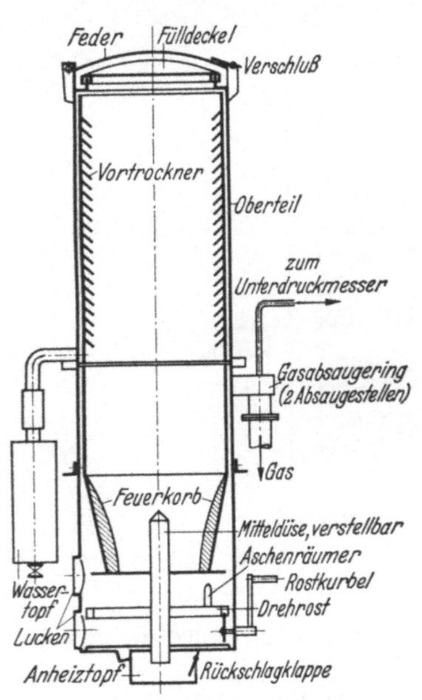

Abb. 31.
Humboldt-Deutz-Holzgaserzeuger.

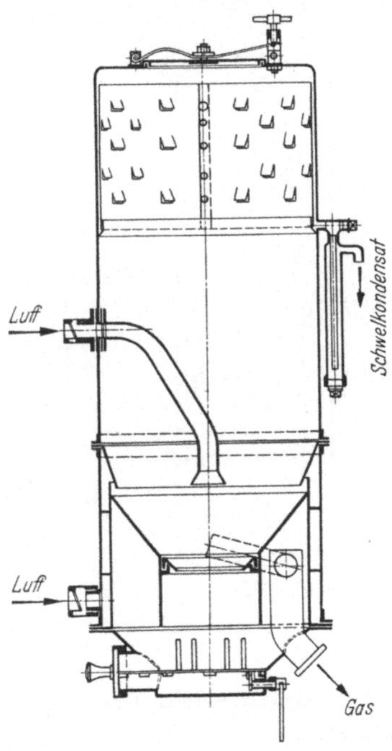

Abb. 32.
Holzgaserzeuger von Orenstein und Koppel.

Hochsteigen der Holzkohle in dem Zwischenmantel wird durch ein am unteren Ende des Feuerkorbes angebrachtes Sieb verhindert. Dadurch werden die Gaswege in der Holzkohle, ebenfalls die Berührungszeiten zwischen Gas und Holzkohle kürzer. Die übrigen Bauteile dieses Gaserzeugers sind dieselben wie bei der Imbert-Ausführung.

Der Holzgaserzeuger von Orenstein und Koppel (Abb. 32) führt die Hauptluft durch eine Mitteldüse zu, verwendet aber gleichzeitig noch Seitenluft, die durch einen ringförmigen Kanal zugeführt wird und deren Strömungsrichtung scharf nach unten gerichtet ist. Auch dieser Gaserzeuger verzichtet auf eine Auskleidung. Die engste Stelle des Schachtquerschnittes wird durch einen auswechselbaren Einsatz aus feuerfestem Sonderguß gebildet. Unten befindet sich ein von außen zu bedienender Rüttelrost.

Die Abb. 33 stellt einen Kleingaserzeuger von Hansa Bauart München dar. Dieser Gaserzeuger ist für den Betrieb ortfester Kleinmotoren gedacht, besitzt eine Auskleidung des Feuerraumes und einen Rüttelrost. Außerdem ist über der Feuerzone noch eine von außen drehbare Rüttelvorrichtung angeordnet, um Brückenbildungen im Innenraum,

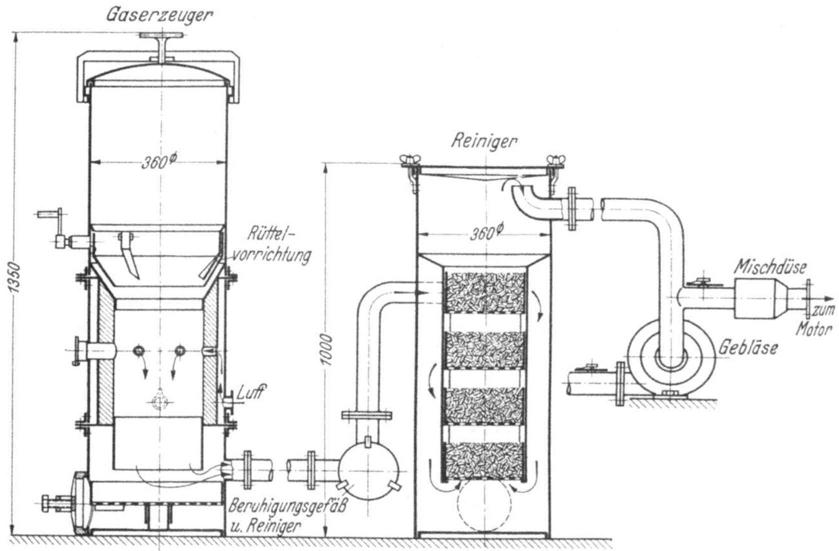

Abb. 33. Kleingaserzeugungsanlage für Holz und Holzkohle, Bauart München der Hansa-Generatoren-Gesellschaft.

die ein Nachrutschen des Brennstoffes verhindern würden, zerstören zu können.

Neben den genannten Bauarten von Holzgaserzeugern befinden sich noch einige andere auf dem Markt, die jedoch keine besonderen Merkmale aufzuweisen, und vorerst noch keine größere Bedeutung erlangt haben.

2. Holzkohlen-Gaserzeuger.

Infolge der höheren Feuerraumtemperaturen weisen sämtliche Gaserzeuger von Holzkohle eine feuerfeste Auskleidung auf. Während im allgemeinen diese Gaserzeuger mit aufsteigender Vergasung arbeiten, ist die Gasströmung beim Abogen-Gaserzeuger der Hiag-Gesellschaft nach abwärts gerichtet (Abb. 34). Die Luft tritt oben durch einen Ringspalt ein, unten ist der Gaserzeuger durch einen Rüttelrost abgeschlossen. Diese Bauart verzichtet auf einen weiteren Zusatz von Wasserdampf, vielmehr wird zur Wasserstoffbildung nur die normale Feuchtigkeit der Holzkohle herangezogen. Das Gas besitzt daher einen hohen CO-, aber niederen H_2-Anteil.

Die neueste Bauart des Wisco-Gaserzeugers zeigt Abb. 35. Auch dieser Gaserzeuger arbeitet mit aufsteigender Vergasung. Der obere Teil des Feuerraumes ist von einem Wassermantel umgeben. Das Wasserdampf-Luftgemisch tritt durch den Rüttelrost hindurch in den Brennraum ein.

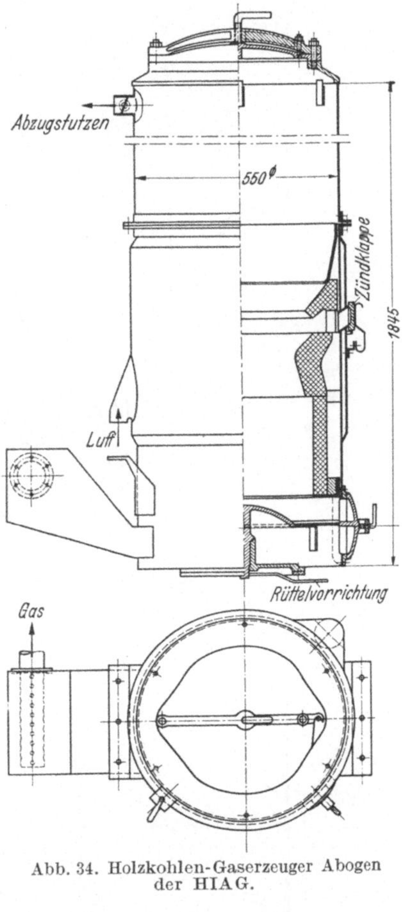

Der Hansa-Gaserzeuger (Abb. 36) enthält im oberen Teil eine durch das abziehende Gas beheizte Wasserkammer. Gleichzeitig wird durch das heiße Gas die Vergasungsluft vorgewärmt und das Wasserdampf-Luftgemisch durch eine seitlich angebrachte Rohrleitung unter den Rost geleitet. Eine besonders ausgestaltete Lufteintrittsdüse unter dem Rost sorgt für eine gleichmäßige Verteilung auf den Rostquerschnitt. Dieser Gaserzeuger besitzt einen sehr langen Gasweg in der Holzkohle und liefert ein Gas, mit einem hohen CO-Gehalt neben einem ausreichenden Wasserstoffgehalt.

Abb. 37 stellt einen Gaserzeuger für teerfreie Brennstoffe, in erster Linie für Holzkohle und Torfkoks der Firma Orenstein und Koppel dar. Der Schacht ist ohne Auskleidung und zylindrisch durchgeführt. Von außen erfolgt die Kühlung durch die Vergasungsluft und den Wasserdampf. Das Wasser wird einer Verdampferrinne von außen

Abb. 34. Holzkohlen-Gaserzeuger Abogen der HIAG.

zugeführt. Der Rost kann von außen gerüttelt werden. Das Wasserdampf-Luftgemisch strömt durch den Rost hindurch und das Gas wird etwa in Schachtmitte zentral abgesaugt.

Infolge der leichten Vergasbarkeit von Holzkohle können auch die nachfolgend beschriebenen, für Koks und Anthrazit gebauten Gaserzeuger verwendet werden. Ebenso läßt sich in denselben Gaserzeugern Torfkoks vergasen, der in seinen Eigenschaften der Holzkohle nahesteht.

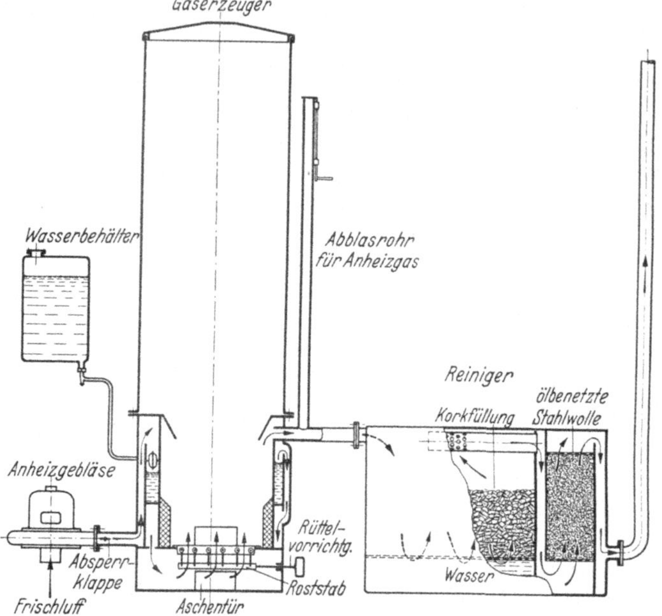

Abb. 35. Wisco-Holzkohlengasanlage.

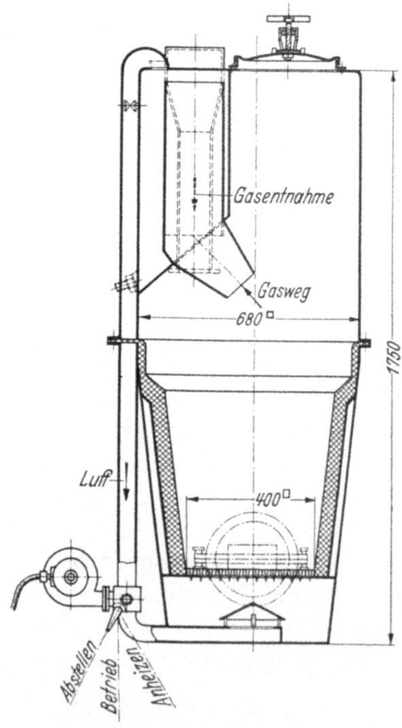

Abb. 36. Hansa-Holzkohlen-Gaserzeuger.

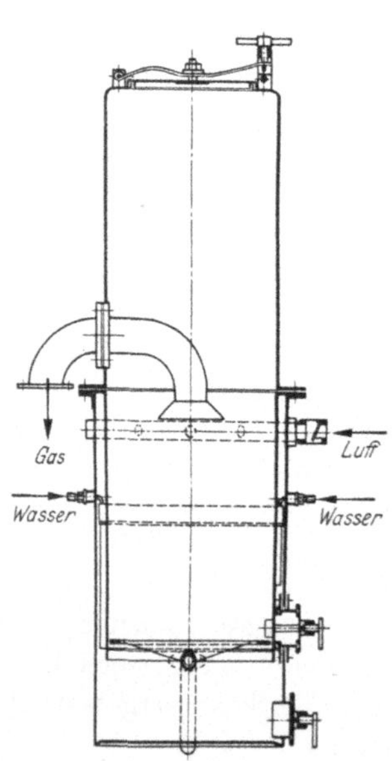

Abb. 37. Gaserzeuger für teerfreie Brennstoffe
von Orenstein und Koppel.

3. Braunkohlenschwelkoks.

Für diesen Brennstoff sind erst in allerletzter Zeit serienmäßig hergestellte Gaserzeuger auf den Markt gebracht worden. Infolge seines hohen Aschegehaltes stellt der Braunkohlenschwelkoks einen besonders schwer zu vergasenden Brennstoff dar. Kennzeichnend für diesen Gaserzeuger ist ein reichlicher Zusatz von Wasserdampf, um ein übermäßiges Ansteigen der Temperaturen im Feuerraum zu verhindern. Vielfach werden die Wandungen des Gaserzeugerschachtes durch Wasser gekühlt, um Schlackenansätze zu vermeiden.

Der Gaserzeuger von Wisco (Abb. 38) verzichtet auf jede Auskleidung des Feuerraumes, der etwa auf der halben Länge von einem Wasser-

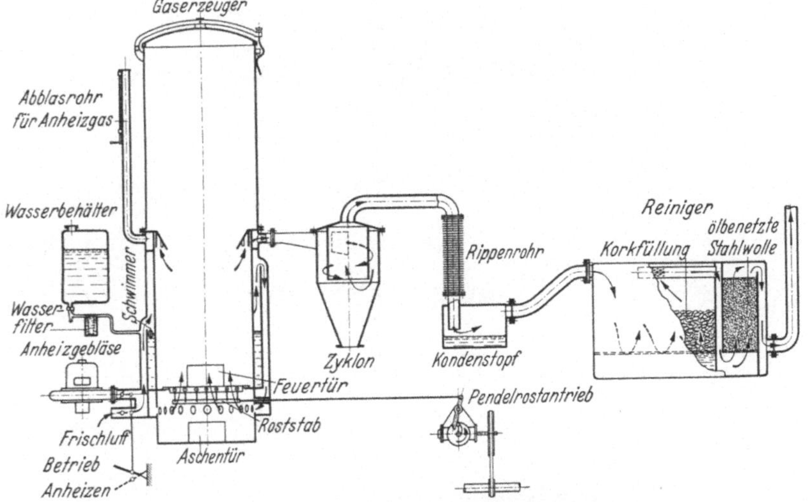

Abb. 38. Wisco-Braunkohlenschwelkoks-Gaserzeuger.

mantel umgeben ist. Der obere Teil des Feuerraumes dient zur Vorwärmung der Vergasungsluft und wird durch diese gleichzeitig gekühlt. Das Wasserdampf-Luftgemisch tritt unter dem Rost ein, der aus einer Anzahl pendelnd aufgehängter Roststäbe besteht und durch eine mechanisch angetriebene Zugstange dauernd bewegt wird. Die Bewegung erfolgt nach der einen Richtung zwangläufig durch die Antriebsvorrichtung, während die Bewegung in der anderen Richtung ruckartig durch eine Federkraft bewirkt wird. Der Rost wird von der Cardanwelle des Fahrzeuges über ein Schneckengetriebe mittels einer biegsamen Welle oder eines Riemens angetrieben. Der Wasserstand wird mittels eines Schwimmers in der Verdampferkammer auf gleicher Höhe gehalten, wobei das Wasser aus einem Tank dem Schwimmer zuläuft. Von der Herstellerfirma wird der Wasserverbrauch gewichtsmäßig zu 55% des Koksverbrauches angegeben.

5*

Der Hansa-Gaserzeuger (Abb. 39 und 40) weicht in seinem äußeren Aufbau von der üblichen Vergaserbauart vollständig ab. Der eigentliche Gaserzeuger wird unterhalb des Wagenaufbaues untergebracht

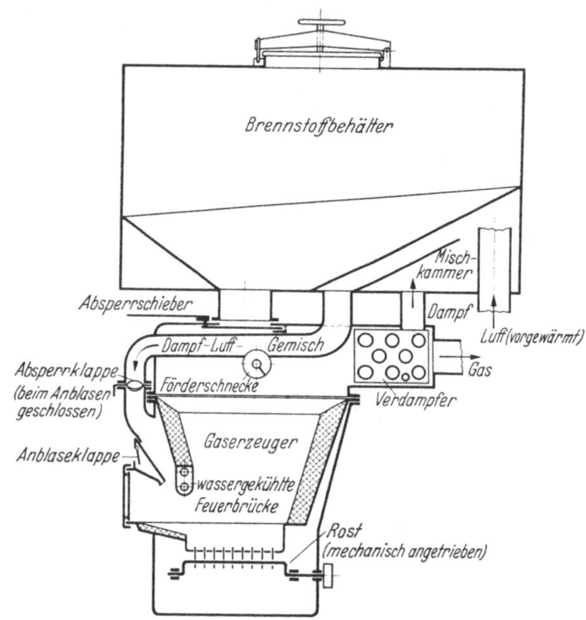

Abb. 39. Hansa-Universalgaserzeuger für teerfreie Brennstoffe. (Schnitt.)

Abb. 40. Hansa-Universalgaserzeuger im Fahrzeug.

und steht mit dem Brennstoffvorratsraum durch ein Rohr von entsprechendem Durchmesser in Verbindung. Diese Verbindung kann durch einen Absperrschieber verschlossen werden, so daß ein Nachfüllen von Brennstoff in den Vorratsbehälter bei laufendem Motor möglich wird. Der Brennstoff wird vom Rohrstutzen aus mittels einer mechanisch angetriebenen Förderschnecke nach der Mitte des Gaserzeugers gebracht.

Der Wasserdampf wird durch die Wärme des abziehenden Gases erzeugt. Das Wasserdampf - Luftgemisch tritt vorn in den Feuerraum ein, der mit einer Auskleidung versehen ist, und strömt schräg nach oben durch den glühenden Brennstoff hindurch. Der Rost ist unten angeordnet und wird ebenfalls angetrieben. Der Antrieb des Rostes und der Förderschnecke erfolgt mittels einer biegsamen Welle von der Cardanwelle des Fahrzeuges aus. Unmittelbar neben dem Brennstoffbehälter ist der Wasserbehälter untergebracht.

Nach Angabe der Herstellerfirma soll dieser Gaserzeuger sich zur Vergasung sämtlicher teerfreier Brennstoffe eignen, wobei die anfallende Asche und Schlacke zwangsweise aus dem Gaserzeuger ohne Entleerung entfernt werden sollen. Lediglich bei Verwendung von Brennstoffen mit einem Aschengehalt über 15% wird eine Entleerung nach 800 km Fahrt vorgeschrieben.

Zur räumlichen Unterbringung des Brennstoff- und Wasserbehälters hinter dem Führerhaus ist es notwendig, den Wagenaufbau um etwa 25 cm nach hinten zu verschieben.

Abb. 41 zeigt eine neue Ausführung von Humboldt-Deutz für Braunkohlenschwelkoks, in erster Linie für Brikozit (s. B 1). Der zylindrische Gaserzeugerschacht ist mit einer feuerfesten Auskleidung versehen und nach unten durch einen von Hand zu bedienenden Rüttelrost abgeschlossen. Das Gas wird etwa in Schachtmitte zentral abgesaugt. Um den Schachtmantel ist eine Verdampferkammer gelegt, in die eine genau abgemessene Wassermenge durch eine Pumpe gefördert wird. Um gleichartige Strömungsverhältnisse zu bekommen, wird das Wasserdampf - Luftgemisch durch einen Düsenkörper unter den Rost geleitet.

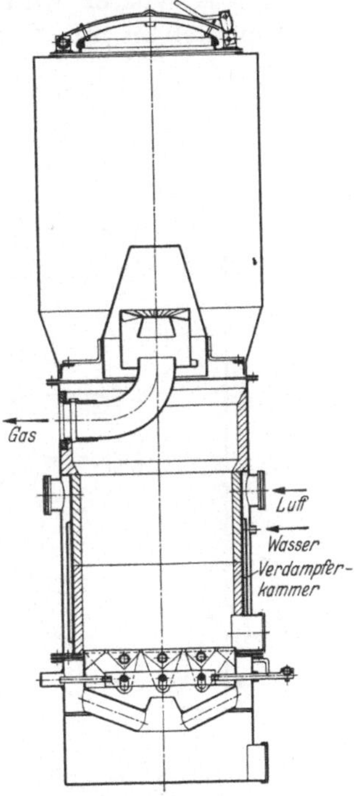

Abb. 41. Humboldt - Deutz-Schwelkoksgaserzeuger.

4. Steinkohlenschwelkoks und Anthrazit.

Bei der ursprünglichen Ausführung von Krupp wurde die Vergasungsluft am unteren Teil tangential dem Verbrennungsraum zugeführt, um bei dem nun spiralförmigen Gasweg die Berührungszeit zwischen Gas und Brennstoff zu vergrößern. Die Gase wurden zentral abgesaugt, wobei der Gasweg in der Brennstoffschicht etwa 400 mm betrug. Diese Ausführung wurde durch die in Abb. 42 dargestellte ersetzt, in der die Luft radial zugeführt wird. Um ein Zusammenbacken des Schlackenkuchens zu vermeiden, wurde die Luftzuführung nach Abb. 43 durch

Westwaggon Köln abgeändert. Dort tritt das Wasserdampf-Luftgemisch nicht mehr radial ein, sondern ist nach unten gerichtet. Auf diese Weise ist es gelungen, die Schlacke mehr nach unten zu ziehen und die Bildung eines Schlackenkuchens im Feuerraum selbst zu vermeiden. Die Temperaturen liegen bei diesem Gaserzeuger über dem Ascheschmelzpunkt.

Das Wasser wird durch die im Gas enthaltene Wärme verdampft. Unmittelbar am Gasaustritt befindet sich ein Verdampfer, dem das

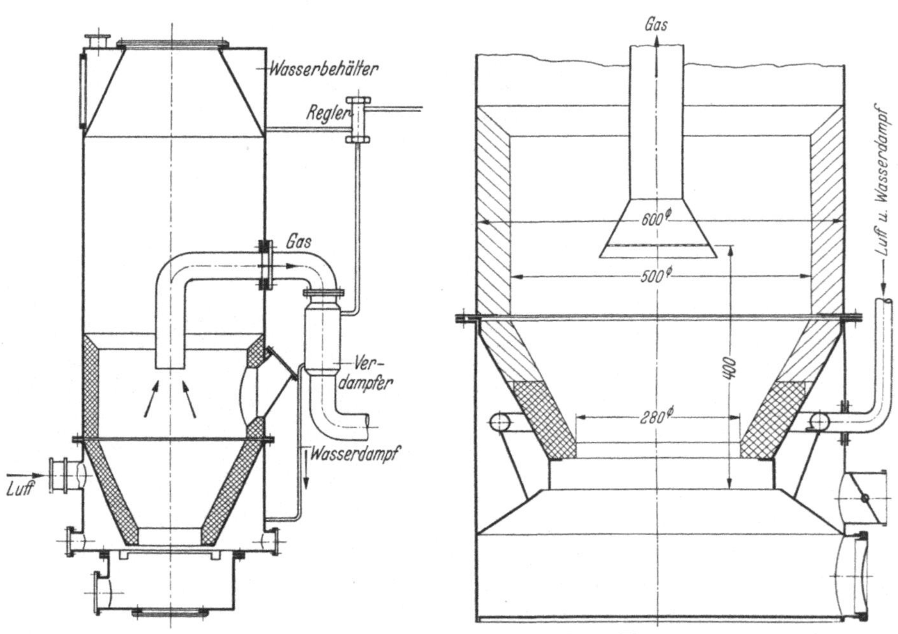

Abb. 42. Krupp-Schwelkoksgaserzeuger.   Abb. 43. Krupp-Westwaggon, neues Unterteil für den Schwelkoks-Gaserzeuger.

Wasser in abgemessener Menge zugeführt wird. Die Wassermenge wird dabei in Abhängigkeit vom Unterdruck in der Gasleitung gebracht.

Dieser Gaserzeuger verzichtet im Interesse einer einfachen Bauart auf einen Rost. Die Schlacke schmilzt im unteren Teil zu Klumpen zusammen, die in gewissen Abständen durch Öffnen der Bodenklappe entfernt werden müssen. Der Gaserzeuger ist in erster Linie für die Verwendung von Steinkohlenschwelkoks gedacht, kann aber auch mit Anthrazit betrieben werden.

Der Anthrazit-Gaserzeuger von Humboldt-Deutz unterscheidet sich von der vorigen Bauart dadurch, daß das Wasserdampf-Luftgemisch durch eine Mitteldüse, die nach oben durch einen Kegel abgedeckt ist, zugeführt wird. Die Mündung der Düse liegt oberhalb des Rostes. Bei der ältesten Ausführung (Abb. 44) befindet sich die Gasabsaugung zentral am oberen Ende des Schachtes. Diese Ausführung hatte den Nachteil, daß die ganze Brennstoffüllung bis nach oben durchbrannte und infolge der dadurch entstehenden hohen Temperaturen der Übergang des Brennstoffes in Hochtemperaturkoks beschleunigt wurde. Um dies zu vermeiden, wurde der Gasaustritt mehr nach unten verlegt

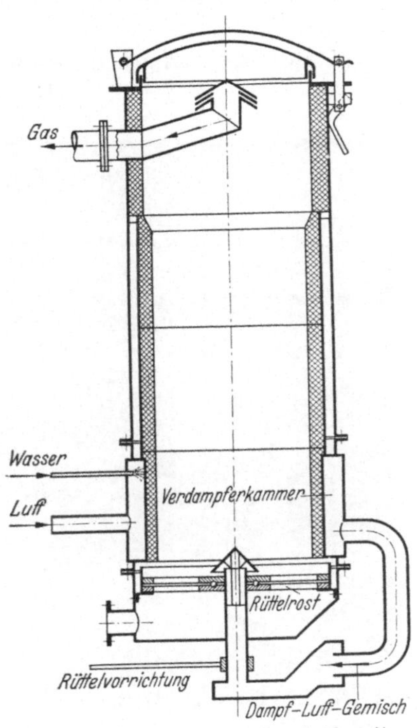

Abb. 44. Humboldt-Deutz, Anthrazit-Gaserzeuger, alte Ausführung.

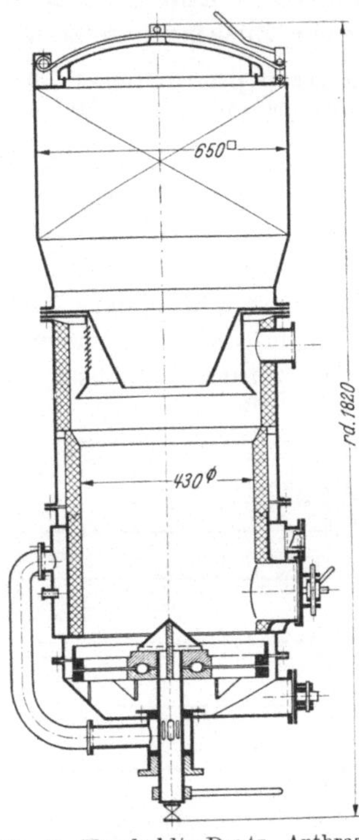

Abb. 45. Humboldt-Deutz, Anthrazit-Gaserzeuger, neue Ausführung.

(Abb. 45), so daß der Gasweg in der Brennstoffschicht nur noch etwa 500 mm beträgt.

Das Wasser wird in eine Verdampferkammer, die den Brennraum konzentrisch umfließt, eingespritzt. Gleichzeitig wird dieselbe Kammer von der Vergasungsluft durchströmt, die dort vorgewärmt und mit dem Wasserdampf gemischt wird.

Nach unten ist dieser Gaserzeuger durch einen Rüttelrost, der von außen her von Hand bedient wird, abgeschlossen. Die Ascheteilchen sammeln sich im Aschfall unter dem Rost an.

Diese Ausführung ist in erster Linie für Anthrazit gedacht, kann aber nach den Versuchen des Verfassers vorteilhaft auch für Steinkohlenschwelkoks verwendet werden.

G. Gasreinigung und -kühlung.

Beim Absaugen des Gases aus dem Gaserzeuger wird stets eine gewisse Staubmenge mitgerissen. Dieser Staub besteht sowohl aus kleinem Brennstoff als auch aus Ascheteilchen und hat ganz verschiedene Korngröße. Eine Siebanalyse von Staub aus Braunkohlenbrikett zeigt folgende Zusammensetzung[1]:

Maschenzahl pro cm²	unter 400	400—1600	1600—6400	6400—16900	über 16900
Gewichtsprozent . .	20	23	22	24	11

Der Anteil der feinsten Staubteilchen ist demnach recht groß. Es müssen also Vorrichtungen geschaffen werden, mit denen auch noch diese kleinsten Teilchen weitgehend aus dem Gas entfernt werden können. Nicht nur, daß

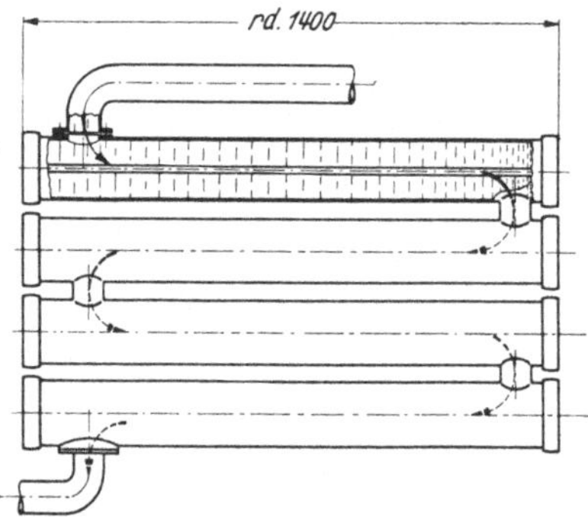

Abb. 46. Prallblechreiniger; es werden bis zu 7 derartiger Reiniger in Hintereinanderschaltung verwendet.

Abb. 47. Einbau der Reiniger hinter dem Führerhaus.

ein zu großer Staubgehalt des Gases einen erhöhten Zylinder- und Ventilverschleiß im Motor zur Folge hat, sondern gerade der feinste Staub lagert sich in den Rohrleitungen, Mischdüsen usw. ab und ist häufig Ursache von Betriebsstörungen.

Die älteste Reinigerart sind die Prallblechreiniger (Abb. 46). Durch eine Vermehrung der Anzahl derartiger hintereinandergeschalteter Reiniger suchte man zunächst die Reinigerwirkung zu verbessern, ohne aber den gewünschten Erfolg zu erzielen. Die Wirkungsfähigkeit derartiger Reiniger gegenüber den kleinsten Staubteilchen hört überhaupt auf oder kann höchstens bei Anwesenheit größerer Feuchtigkeitsmengen in den letzten Reinigern noch bis zu einem gewissen Grade bestehen.

---

[1] Seberich: Brennstoff-Chem. 1936 Heft 1.

Bekannt ist die Anordnung nach Abb. 47, bei welcher die Prallblechreiniger übereinander hinter dem Führerhaus angeordnet werden. Das Gas tritt vom Gaserzeuger in den untersten Reiniger ein und strömt

Abb. 48. Einbau der Reiniger unter dem Wagenaufbau.

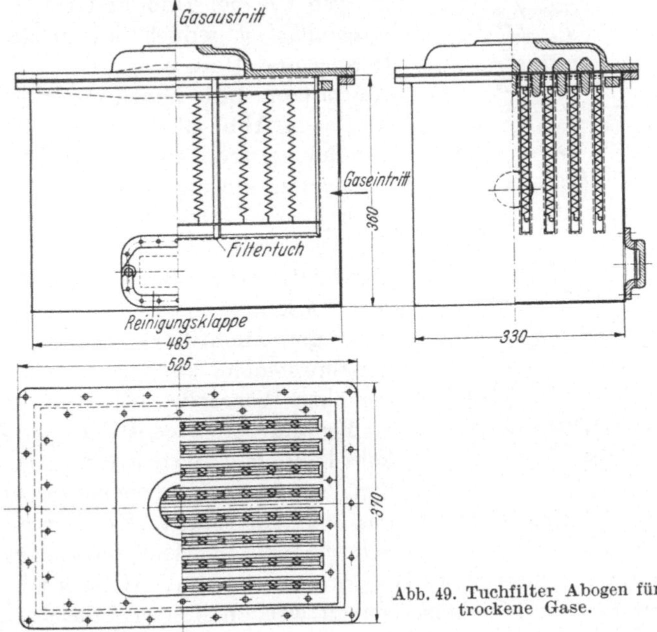

Abb. 49. Tuchfilter Abogen für trockene Gase.

oben aus. Zur Verbesserung der Reinigerwirkung und gleichzeitigen Kühlung wird bisweilen der unterste Reiniger teilweise mit Wasser gefüllt, das zunächst verdampft, und hernach in den kälteren, oberen Reinigern wieder kondensiert und zurückfließt. Dabei wird der Staub weitgehend an das Wasser gebunden. Am häufigsten werden die

Prallblechreiniger unter dem Wagenaufbau nach der Abb. 48 eingebaut. Auf eine leichte Entleerbarkeit der einzelnen Reiniger ist Rücksicht zu nehmen.

Wie bereits erwähnt, ergeben diese Prallblechreiniger nur dann eine einigermaßen brauchbare Reinigung, wenn genügend Feuchtigkeit vorhanden ist. Dann dienen diese Reiniger gleichzeitig als Kühler und müssen daher vom Fahrwind bestrichen werden. Der Gasstrom ist so durch die Prallbleche zu leiten, daß das Gas möglichst innig mit der kalten Wand in Berührung kommt.

Das Gas verläßt die Prallblechreiniger im allgemeinen mit einem Staubgehalt von 200 bis 500 mg/m³ Gas. Man ordnet daher hinter den Reinigern noch ein Feinfilter an (s. S. 76).

Eine derartige Einrichtung reicht zur Not noch aus, wenn es sich um kleinere Staubmengen wie bei Holz und Holzkohle handelt. Nachteilig ist jedoch ihre umständliche Entleerung und Reinigung, die regelmäßig durch Ausspritzen mit Druckwasser erfolgen muß.

Das in Abb. 49 dargestellte Tuchfilter läßt sich nur bei trockenen Gasen bzw. bei solchen verwenden, deren Taupunkt sehr nieder ist, da sich bei Unterschreitung des Taupunktes das Tuch mit Flüssigkeit vollsaugt und die Durchtrittswiderstände gegenüber dem Gas sehr stark ansteigen. Das Anwendungsgebiet derartiger Tuchfilter beschränkt sich also in der Hauptsache auf trockenes Holzkohlengas, das ohne Wasserdampfzusatz gewonnen wird.

Bei anderen Brennstoffen wie z. B. Schwelkoks handelt es sich jedoch um die Ausscheidung größerer Staubmengen, außerdem ist das Gas sehr feucht. Zur Durchbildung einer betriebssicheren Reinigungsanlage mußten in diesem Falle neue Wege beschritten werden, die vielfach mit Vorteil auch bei Holz- und Holzkohle benutzt werden können. Gleichzeitig war man bestrebt, die Bedienung bei der Entleerung der Reiniger zu erleichtern.

Man gelangte zu einer stufenweisen Reinigung, die in eine Grob- und Feinreinigung getrennt wird. Ferner wird größtenteils die Kühlung des Gases gesondert vorgenommen.

Als Grobreiniger werden vorzugsweise solche benützt, die nach dem Schleuderprinzip arbeiten. Der Gasstrom wird auf hohe Geschwindigkeit

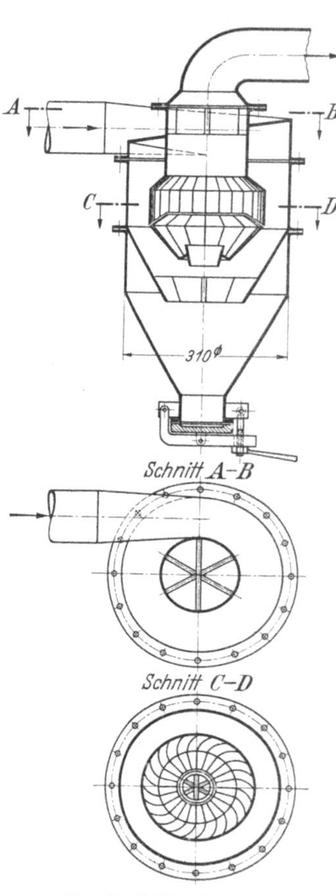

Abb. 50. Schleuderreiniger Bauart Humboldt - Deutz.

gebracht und dann plötzlich schroff umgelenkt. Die trägen Staubteilchen behalten dann unter der Massewirkung ihre Richtung bei und
sammeln sich in besonderen Behältern an. Die Abb. 50 stellt einen
Schleuderreiniger von Humboldt-Deutz dar. Das Gas tritt mit hoher
Geschwindigkeit tangential ein, so daß eine nach unten gerichtete
spiralige Bewegung zustande kommt. In dem sich anschließenden
Staubbehälter wird die Geschwindigkeit plötzlich verlangsamt, der
Gasstrom in eine entgegengesetzte Richtung durch eingebaute Leitbleche umgelenkt und in der Mitte abgesaugt. Der Staub sammelt
sich unten an; durch eingebaute Wände werden Wirbelbewegungen
in dem Staubsack vermieden, durch die sonst der Staub immer von

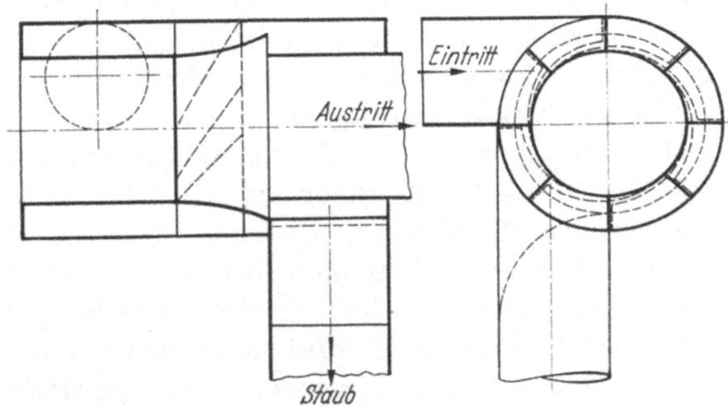

Abb. 51. Fliehkraftreiniger.

neuem aufgewirbelt würde. Die Wirkungsweise dieses Reinigers beruht
gleichzeitig auf dem Schleuder- und Beruhigungsprinzip.

Ein anderer Reiniger wurde bereits vor einigen Jahren vom Verfasser gebaut und ist in Abb. 51 dargestellt. Dieser arbeitet ausschließlich auf dem Schleuderprinzip. Das Gas tritt wieder tangential ein und
erhält durch schräg gestellte Schaufeln eine spiralförmige horizontale
Bewegung. Die Staubteilchen werden dabei nach außen geschleudert
und durch ein Abstreifblech in einen Staubbehälter abgestreift, der
unter dem Reiniger angebracht ist. Gleichzeitig wird der Gasstrom
zweimal scharf umgelenkt. Derartige Reiniger werden bereits in größerer
Zahl praktisch verwendet.

Diese Schleuderreiniger haben alle den Nachteil, daß der Staub
unter dem Einfluß der Massenwirkung ausgeschieden wird, wozu bestimmte Gasgeschwindigkeiten erforderlich sind. Bei kleineren Ge-
schwindigkeiten sinkt daher der Reinigerwirkungsgrad stets ab[1]. Auch
werden nur die Staubteilchen mit einer bestimmten Masse ausgeschieden,
so daß stets der feinste Staub mit dem Gas mitgerissen wird.

In der Regel verwendet man zwei Schleuderreiniger in Hintereinanderschaltung. Diese Anordnung hat sich gut bewährt. Im zweiten

---

[1] Kraftfahrtechn. Forschungsarbeiten 1937 Heft 9.

Reiniger wird ausschließlich Feinststaub ausgeschieden, dessen Menge etwa 10% des im ersten Reiniger anfallenden Staubes beträgt. Wenn auch durch derartige doppelte Reinigung die Kosten der Anlage wachsen, so sind doch die Vorteile so groß, daß die Mehrkosten in Kauf genommen werden müssen, besonders bei solchen Brennstoffen, die einen dem Motor stark schädlichen Staub ergeben, wie Schwelkoks, Anthrazit usw. Praktisch kann man annehmen, daß mit zwei Reinigern durchschnittlich etwa 85 bis 90% des Staubes, teilweise noch etwas mehr, ausgeschieden werden. Der Reinigerwirkungsgrad ist jedenfalls höher als bei Prallblechreinigern, aber allein noch nicht ausreichend. Außerdem beanspruchen diese Reiniger einen geringeren Platzbedarf.

Es muß also stets noch ein Feinreiniger nachgestellt werden, der mit einer Filtermasse arbeitet. Nach einem Vorschlag des Verfassers wurde hierzu anfangs eine Holzwollefüllung verwendet, die zwar eine sehr gute Reinigerwirkung besitzt und leicht erneuert werden kann, aber nur eine verhältnismäßig geringe Aufnahmefähigkeit zeigt. Ein tägliches Erneuern der Holzwolle ist daher erforderlich. Es können auch andere Filterkörper, wie Stahlspäne, Raschigringe oder Berl-Sättel[1] verwendet werden. Letztere haben sich bei den Versuchen sehr gut bewährt, besonders bei Gasen mit hohem Schwefelgehalt, da diese aus keramischem Werkstoff hergestellt und sehr widerstandsfähig sind, während Metalle stark angegriffen werden. Alle derartigen Reiniger müssen täglich mit Wasser ausgespült werden. Die Wirkung dieser Feinreiniger wird durch Anwesenheit von Feuchtigkeit erhöht. Eine völlig zufriedenstellende Arbeitsweise konnte jedoch nicht erzielt werden.

Man ist daher vielfach dazu übergegangen, das Gas zu waschen. Versuche, hierzu ein Öl zu verwenden, ergaben zwar eine sehr gute Reinigerwirkung; es gelingt aber nicht, das Öl restlos aus dem Gas zu entfernen, so daß stets eine gewisse Menge mitgerissen wird. Gleichzeitig ist der zurückbleibende Öl-Staubschlamm sehr schwer aus dem Reiniger zu entfernen. Besonders nachteilig hat sich eine Reinigerflüssigkeit von Petroleum oder Gasöl erwiesen infolge der damit verbundenen Ölverdünnung des Motorschmieröles.

Aus diesen Gründen kam man allmählich dazu, das Gas mit Wasser auszuwaschen. Einen derartigen Wäscher zeigen die Abb. 36 und 38, Ausführungsformen, die besonders für Schwelkoks durch die Firmen Wisko und in ähnlicher Bauart von Hansa entwickelt wurden, aber auch für andere Gase verwendet werden können. Das Gas wird gezwungen, mehrmals durch Wasser hindurchzuströmen, wobei durch die innige Berührung zwischen Gas und Wasser die Staubteilchen zum größten Teil an das Wasser gebunden werden. Alle diese Wäscher setzen einen gut arbeitenden Grobreiniger voraus, da sonst die großen

---

[1] Hergestellt durch die Firma Ditt u. Frees, Wiesbaden.

Staubmengen sehr rasch eine Verstopfung des Wäschers zur Folge haben (andere Wäscher mit gleichzeitiger Gaskühlung s. S. 79).

Die Kühlung des Gases erfolgt zumeist an den Wandungen der Reiniger, wie z. B. bei den Prallblechreinigern. Es haben sich jedoch besonders bei der Kühlung sehr feuchter Gase Schwierigkeiten ergeben, da beim Befahren sehr großer Steigungen und bei hohen Außentemperaturen sehr große Kühlflächen erforderlich werden, deren Unterbringung am Fahrzeug in Gestalt von Prallblechreinigern vielfach nicht möglich ist. Man hat sich dann dadurch geholfen, daß man die Reiniger

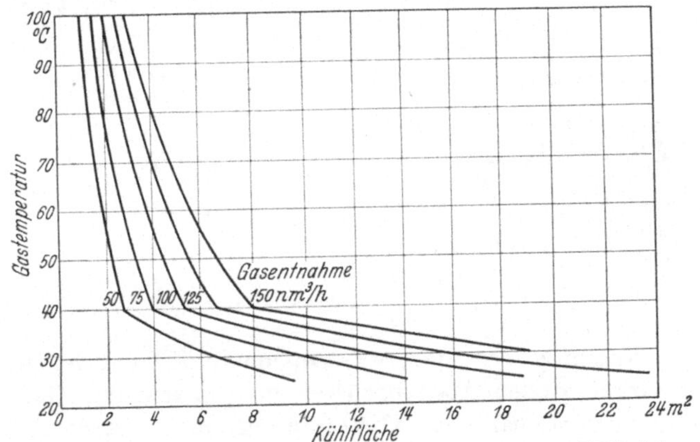

Abb. 52. Berechnete Kühlung von Holzgas in Funktion der Kühlfläche.
Voraussetzungen: Wärmedurchgangszahl 14 Kcal/m²h°C; keine Erwärmung der 20° warmen Kühlluft; Taupunkt des Gases 40° C.

zum Teil mit Wasser anfüllte. Allerdings nur ein Notbehelf! Eine ausreichende Kühlung ist daher auf diese Weise nicht zu erzielen (Einfluß auf die Motorleistung siehe D 3).

Man ging daher zu den Vorsatzkühlern über, die als Röhren- oder Lamellenkühler dem Wasserkühler des Motors vorgebaut werden. Es empfiehlt sich dabei, zwecks Erhöhung der Kühlwirkung einen Ventilator mit höherer Leistung vorzusehen, wie es bei fabrikneuen Fahrzeugen in der Regel geschieht. Zur Vorausberechnung der erforderlichen Kühlfläche kann die Abb. 52 dienen[1]. Dabei ist ein Taupunkt von 40° C als Mittelwert angenommen. Für feuchtere Gase muß die Kühlfläche entsprechend vergrößert werden.

In einem derartigen Vorsatzkühler wird das Gas unter den Taupunkt abgekühlt. Es fallen daher stets größere Mengen Kondenswasser an, die sich in einem unter dem Gaskühler angebrachten Abscheider sammeln (s. Abb. 53). Nachteilig sind bei diesen Vorsatzkühlern die hohen Herstellungskosten, da ihre Form dem vorhandenen Wasserkühler

---

[1] Nach Dr. Tobler: Techn. Hochschule Zürich.

angepaßt werden muß. Außerdem neigen diese Kühler zu Staubablagerungen, die sich infolge der Bindung des Staubes an das Kondenswasser bilden. Der Kühler muß daher öfters ausgespritzt werden.

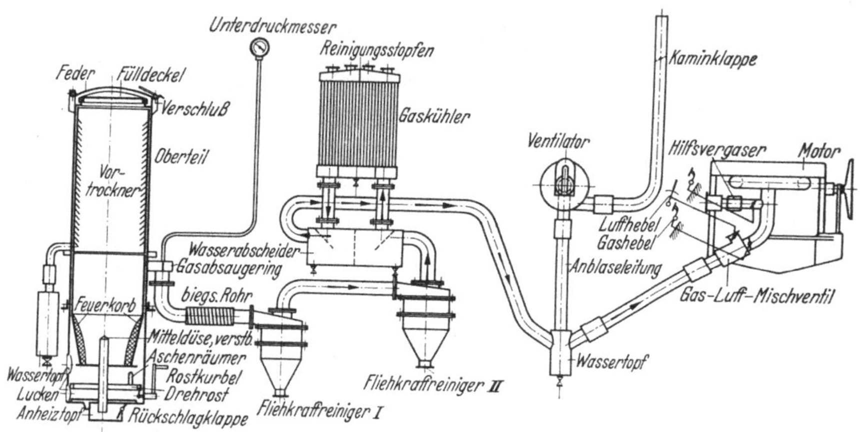

Abb. 53. Humboldt-Deutz-Fahrzeug-Gasanlage mit 2 Schleuderreinigern und Vorsatzkühler.

Eine Ausführung der Imbert-Gesellschaft Köln sieht unter dem Gaskühler einen großen Absitzbehälter vor, in den das Gas aus dem Gaserzeuger unmittelbar ohne Vorreinigung eingeleitet wird (Abb. 54).

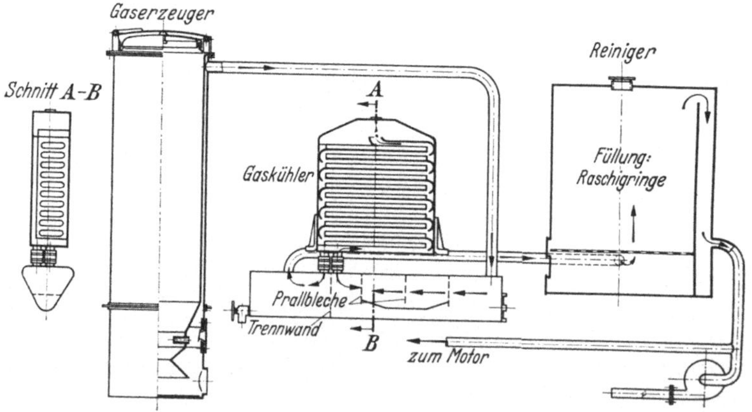

Abb. 54. Imbert-Holzgasanlage mit Vorsatzkühler, Absitzbehälter und Feinreiniger.

In diesem Behälter befindet sich Wasser, das sich als Kondenswasser im Kühler niederschlägt und in den Absitzbehälter zurückläuft. Der Staub wird dann durch das Wasser gebunden und in diesem Absitzbehälter zurückgehalten. Dem Gaskühler nachgeschaltet ist ein Feinfilter.

Im Betrieb hat sich der unter dem Gaskühler angeordnete Behälter als nachteilig erwiesen. Soll dieser das Kondenswasser bzw die Verunreinigungen zurückhalten, so muß er eine entsprechende Größe besitzen und nimmt dadurch dem Ölgehäuse des Motors die zur Kühlung erforderliche Fahrluft zu einem großen Teil weg. Die Folge davon sind hohe Schmieröltemperaturen im Motor.

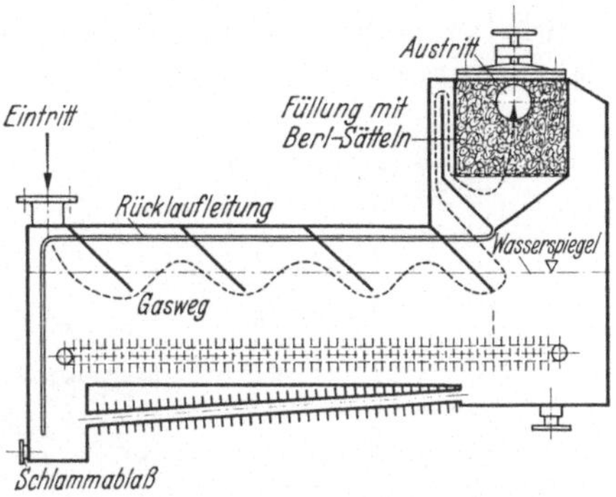

Die Vielheit der Reinigungs- und Kühlanlagen zu vereinfachen und gleichzeitig eine gute Reinigungskühlwirkung zu erzielen, soll der vom Verfasser entwickelte und in Abb. 55 und 56 wiedergegebene Gaswäscher mit zwangläufigem Wasserumlauf ermöglichen. Der Wäscher ist mit Wasser bis zu einer bestimmten Höhe gefüllt; das Gas kommt durch eingebaute Leitbleche, die zur Widerstandsverminderung schräg gestellt sind, innig mit dem Wasser in

Abb. 55. Gaswäscher mit zwangläufigem Wasserumlauf. Das Wasser wird beim Rücklauf in den unten und seitlich angebrachten Rippenrohren rückgekühlt. Der Wäscher dient gleichzeitig als Feinreiniger.

Berührung und gibt den Staub und seine Wärme an das Wasser ab. Gleichzeitig versetzt der Gasstrom den Wasserinhalt in strömende Bewegung. Die Rückströmung des Wassers erfolgt durch Rohre, die unten und seitlich angebracht sind. Diese Rohre sind mit Kühlrippen versehen und dienen zur Rückkühlung des Wassers. Der Schlamm setzt sich auf der linken Seite ab und kann beim Entleeren leicht entfernt werden. Zur Abscheidung des mitgerissenen Wassers strömt das Gas durch ein Filter hindurch, das mit Berl-Sätteln angefüllt ist. Das ausgeschiedene Wasser läuft durch eine Rücklaufleitung wieder in den Behälter zurück.

Abb. 56. Gaswäscher, Außenansicht.

Dieser Kühler hat eine lange Probezeit hinter sich und wurde für verschiedene Gase erprobt. Dabei ergab sich eine Gasaustrittstemperatur, die durchschnittlich um etwa 10° C über der Außentemperatur liegt, während das Gas ohne besondere Vorkühlung in den Kühler eintritt.

Zur Entfernung der größten Staubmenge müssen zwei Schleuderreiniger dem Wäscher vorgeschaltet werden. Selbst beim Befahren sehr langer Steigungen auf kleinen Gängen blieb die Temperatur hinter dem Wäscher unter 45° C. Im Betrieb nimmt der Wasserstand infolge der im Gas enthaltenen Feuchtigkeit allmählich zu. Es stellt sich aber selbsttätig ein bestimmter Wasserspiegel ein, das überschüssige Wasser wird mit-

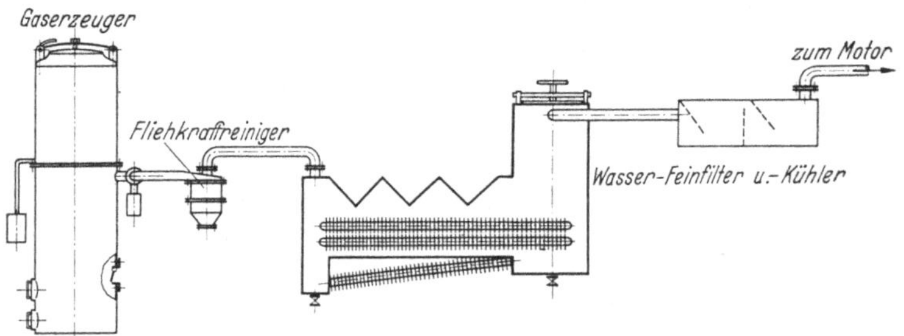

Abb. 57. Einbau eines Gaswäschers. 2 Fliehkraftreiniger, Wäscher, Wasserabscheider.

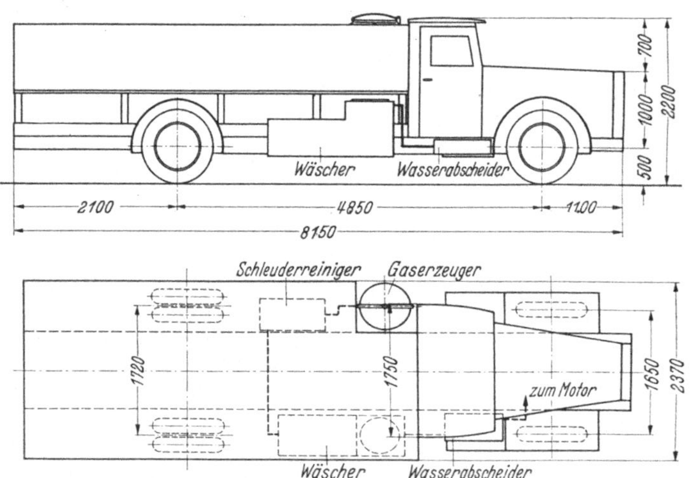

Abb. 58. Einbauskizze der Gasanlage in einen Lastwagen.

gerissen. Es muß daher noch ein Wasserabscheider dem Wäscher nachgeschaltet werden. Die Gesamtanordnung im Fahrzeug zeigt Abb. 58. Der Wäscher wird von der Firma Westwaggon Köln hergestellt.

Nach demselben Prinzip arbeitet der in Abb. 59 dargestellte Wäscher von Westwaggon. Auch hier wird durch den Gasstrom die Flüssigkeit in eine strömende Bewegung gebracht. Der vom Wasser aufgenommene feine Staub sammelt sich in dem unteren Behälter, während die Rückkühlung des Wassers an den senkrechten Rippenrohren erfolgt.

Diese Wäscher haben noch einen weiteren Vorteil. Sämtliche fossile Brennstoffe enthalten eine bestimmte Menge Schwefel, so daß das Gas stets Schwefelwasserstoff und schweflige Säure enthält. Beide Bestandteile sind dem Motor schädlich, und müssen soweit als möglich aus dem Gas ausgewaschen werden. Sie sind in Wasser löslich und werden daher durch derartige Wäscher weitgehend ausgewaschen. Da jedoch eine allmähliche Sättigung des Wassers eintritt, muß das Wasser in bestimmten Abständen erneuert werden. Bei der in Abb. 55 dargestellten Bauart wird diese Erneuerung nach etwa 200 bis 300 km Fahrt vorgenommen. Verstopfungen des Wäschers sind nie eingetreten, obschon der Staub-

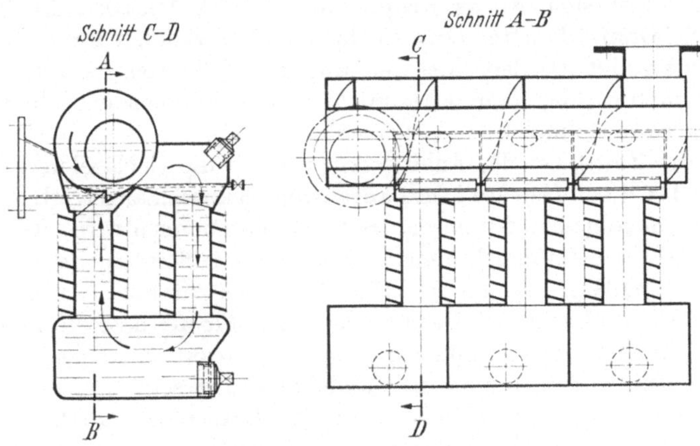

Abb. 59. Gaswäscher, Bauart Westwaggon.

gehalt des Gases sehr weit herabgedrückt werden konnte. Messungen ergaben hinter dem Wäscher noch Staubmengen unter 20 mg/m³ Gas, die als unbedenklich bezeichnet werden können.

H. Der Betrieb der Gaserzeuger.

1. Das Anblasen.

Das Anzünden des Gaserzeugers gestaltet sich am einfachsten bei Holz. Hier genügt es, eine ölgetränkte brennende Lunte vor die Luftansaugeöffnung des Gaserzeugers zu halten. Das Anlassen der Maschine kann unmittelbar mit Holzgas erfolgen und ist lediglich abhängig von einer genügenden Leistung des Anlassers. Holzkohlengaserzeuger sind ebenfalls leicht in Gang zu bringen, wenn die Bauart des Gaserzeugers ein gleichmäßiges Entzünden der Holzkohle über dem ganzen Rostquerschnitt sichert. Im allgemeinen empfiehlt es sich bei Holzkohlengas, zum Anlassen der Maschine flüssigen Hilfsbrennstoff zu benützen, da dieses Gas anfangs fast frei von Wasserstoff und daher schwer entzündbar ist. Anderenfalls würde der Anlaßvorgang zu lange dauern. Sowohl bei Holzgas als auch Holzkohlengas kann der Gaserzeuger ohne vorherige Entleerung angeheizt werden. Dasselbe gilt auch für Torfkoks.

Anders liegen jedoch die Verhältnisse bei fossilen Brennstoffen. Mehrere Bauarten verlangen vor der Ingangsetzung eine restlose Entleerung des Gaserzeugers. Bei reaktionsträgen Brennstoffen, besonders bei Anthrazit, empfiehlt sich die Verwendung von Holzkohle als Hilfsbrennstoff. In den meisten Fällen wird schon zur Entfernung der Schlacke eine vorherige Entleerung des Gaserzeugers erforderlich sein. Recht gut hat sich bei der Krupp-Bauart beim Anblasen die Zündrille bewährt. Damit konnte sogar Anthrazit ohne Zuhilfenahme von Holzkohle entzündet werden. Bei den anderen Bauarten genügt es meist, den Brennstoff über dem Rost mittels eines brennenden, ölgetränkten Lappens zu entzünden.

Für die Zeitdauer des Anblasvorganges ist die Gebläseleistung maßgebend. Da diese Gebläse heute durchweg elektrisch angetrieben werden und der erforderliche Strom der Batterie entnommen wird, ist die verfügbare Gebläseleistung begrenzt. Diese Antriebleistung liegt zwischen 150 und 200 W. Kleinere Gebläse bedingen zu hohe Anblasezeiten, andererseits sind zu große Gebläseleistungen für die Batterie nicht mehr tragbar. Im allgemeinen gilt die Regel: Je reaktionsträger ein Brennstoff ist, um so höher muß die Gebläseleistung sein.

Zur Schonung der Batterie kann der Gaserzeuger auch durch den Motor selbst unter Verwendung von flüssigem Brennstoff angeblasen werden. Letzteres empfiehlt sich bei reaktionsträgen Brennstoffen nach Betriebspausen, da sonst eine Wiederinbetriebnahme unter Umständen mit zu großen Schwierigkeiten verbunden sein kann.

Beim Ingangsetzen ist bei allen gaserzeugenden Brennstoffen darauf zu achten, daß der Motor nicht zu früh angelassen wird. Sobald man brennbares Gas an der Ausblaseleitung feststellt, wartet man zweckmäßigerweise mit dem Anlassen des Motors noch 2 bis 3 min. Wird zu früh angelassen, so kommt es häufig vor, daß der Motor nach kurzer Zeit infolge Gasmangels bzw. Verschlechterung des Gases wieder stehen bleibt. Es dauert stets eine gewisse Zeit, bis sich die Glühzone genügend ausgebreitet hat. Erst dann kann ein Gaserzeuger ein gleichmäßig gutes Gas auch bei höherer Gasgeschwindigkeit in der Brennstoffschicht liefern. Springt der Motor nicht sofort an, so führt eine häufige Wiederholung des Anlassens leicht zu einem Beschlagen der Zündkerzen durch Feuchtigkeit. In diesem Falle müssen die Zündkerzen ausgetauscht und getrocknet werden. Dauert der Anblasevorgang zu lange, so treten besonders beim Holzgaserzeuger Hohlraumbildungen in der Brennzone (Hohlbrenner) auf, die durch Nachstochern durch die Füllöffnung hindurch zerstört werden müssen. Nach dem Anspringen des Motors geht man langsam auf Drehzahl, wobei in den meisten Fällen infolge eintretender Gasverschlechterung die Verbrennungsluft beim Motor etwas gedrosselt werden muß, um ein Stehenbleiben zu verhindern. Nach kurzer Zeit kommt der Motor rasch auf Drehzahl; damit ist der „tote Punkt" des Gaserzeugers überwunden, und der Motor kann auf Leistung gebracht werden. Dies gilt für alle Gaserzeuger.

Beim Holzgaserzeuger kommt es trotz Beachtung aller vorstehenden Punkte vor, daß das Gas schlecht bleibt. Die Ursache kann darin liegen, daß der Holzkohlenspiegel an der Luftzutrittstelle zu tief abgesunken ist. Hier hilft im allgemeinen nur eine Neufüllung und Ergänzung der Holzkohlen. Manchmal kann man auch durch Aufschüren des Holzkohlenbettes bzw. Betätigung eines Rüttelrostes den Anblasevorgang erleichtern.

Soll der Gaserzeuger nach Betriebspausen wieder in Gang gebracht werden, so ist in ähnlicher Weise zu verfahren. Da sich in diesem Falle bei den meisten Brennstoffen Hohlräume bilden, empfiehlt es sich, nach Betriebspausen über 10 min vor der Wiederinbetriebnahme nachzustochern. Manche Brennstoffe machen nach Betriebspausen Schwierigkeiten, besonders solche Brennstoffe, deren Reaktionsfähigkeit bei höheren Temperaturen rasch absinkt, wie z. B. bei Anthrazit und Steinkohlenschwelkoks. In diesem Falle erfordert eine Wiederinbetriebnahme genaueste Beachtung des Betriebsverhaltens einer derartigen Anlage. Meist wird man sich hier mit flüssigem Brennstoffzusatz zu helfen suchen. Anderenfalls muß die Maschine nach dem Anspringen, das im allgemeinen weniger Schwierigkeiten macht, sehr langsam auf Drehzahl gebracht werden, da sonst bei den niederen Temperaturen infolge der mangelhaften Reaktionsgeschwindigkeit des Brennstoffes mit einem Abreißen der Gassäule und einem Stehenbleiben des Motors zu rechnen ist.

2. Reinigen der Gaserzeuger.

Den geringsten Arbeitsaufwand für die Reinigung des Gaserzeugers beanspruchen die Holzkohlen-Gaserzeuger. Hier ist es nur nötig, von Zeit zu Zeit den Aschfall unter dem Rost zu entleeren, da die flockige Asche durch die Rostspalten hindurch fällt.

Bei den Holzgaserzeugern ist zu unterscheiden zwischen der rostlosen Bauart und denen mit Rüttelrost. Bei letzteren ist es nur nötig, täglich einmal den Rost durchzurütteln. Am besten geschieht dies vor der Inbetriebnahme. Dabei fallen die Asche- und feinen Holzkohleteilchen (Abrieb) in den Aschfall. Ein zu häufiges Rütteln ist zu vermeiden, da sonst der Holzkohlespiegel zu weit herabsinkt, und das Holz zu weit in die Verbrennungszone hinein nachrutscht. Dadurch wird das Anblasen erschwert, außerdem kann das Gas Teerdämpfe mitführen (Gefahr der Verteerung). Lediglich nach einigen tausend Fahrtkilometern empfiehlt sich eine Erneuerung der Holzkohle. Die Notwendigkeit einer derartigen Erneuerung erkennt man an dem allmählichen Sinken der Motorleistung. Bei den rostlosen Gaserzeugern muß die Holzkohle täglich durch die Lucken hindurch aufgelockert werden; ferner ist nach etwa 1500 bis 2000 km eine Erneuerung der Holzkohle vorzunehmen, da sonst infolge des Abriebes der Gasdurchgang erschwert wird und die Motorleistung sinkt.

Bei allen anderen Brennstoffen (Schwelkoks, Anthrazit, Braunkohlenbrikett) empfiehlt sich eine tägliche Entleerung des Gaserzeugers zwecks Entfernung der Schlackenrückstände. Die Entleerungsvorrichtung muß so angeordnet sein, daß ein Entleeren leicht möglich ist. Dabei ist es zweckmäßig, den Gaserzeuger jeweils vor Beendigung der Fahrt soweit als möglich leer zu fahren.

3. Die Zündung.

Die Gasmotoren arbeiten stets mit höheren Verdichtungen als Otto-Motoren mit flüssigen Brennstoffen, um durch Erhöhung des thermischen Wirkungsgrades und der Zündgeschwindigkeit wenigstens teilweise die Minderleistung gegenüber Vergaserkraftstoffen auszugleichen. Diese erhöhte Verdichtung bedingt bei gleichem Elektrodenabstand der Zündkerzen jedoch höhere Zündspannungen, durch welche die Isolation der üblichen Zündapparate, wie sie für Benzinbetrieb gebräuchlich sind, auf die Dauer zu hoch beansprucht wird. Die Folge davon sind häufige Zündstörungen. Man versucht diesem Übelstand zwar in der Praxis dadurch zu begegnen, daß man den Elektrodenabstand der Zündkerzen verkleinert. Jedoch ist dies unzulässig, da der Zündapparat geschont wird, aber auf Kosten der Intensität des Zündfunkens, und ein Teil der durch die Höherverdichtung gewonnenen Vorteile durch die Verschlechterung der Zündung wieder verloren geht. Die gewöhnlichen Zündapparate sind bestenfalls für ein Verdichtungsverhältnis von 7 bis 8 noch geeignet. Für die üblichen höheren Verdichtungen müssen stärkere Apparate verwendet werden, wie sie z. B. von Bosch auf den Markt gebracht wurden. Es handelt sich dabei um die Type I.G., die sich gut bewährt hat. Eine Verstärkung des Zündapparates bringt auch Vorteile beim Anlassen mit sich, da ein solcher Apparat bereits bei den niederen Anlaßdrehzahlen einen genügend starken Funken liefert. Außerdem wird der Anlaßvorgang begünstigt durch Einbau einer Abschnappkupplung in den Zündapparat zwecks Erhöhung der Zündspannung beim Anlassen.

Vielfach sind auch die verwendeten Anlasser und Batterien zu schwach; für die hohe Verdichtung werden größere **Anlaß**momente benötigt. Die Folge der Verwendung zu schwacher Anlasser **sind** erhebliche Überlastungen und zu kleine Anlaßdrehzahlen, **die** ein sicheres Anspringen, besonders in kaltem Zustand, nicht gewährleisten. Bei einem Hubvolumen über 8 l und einer Verdichtung über $\varepsilon = 8$ empfiehlt sich die Verwendung von 24 V-Anlassern, wie sie bei Fahrzeug-Dieselmotoren üblich sind.

Die Zündkerzen bedürfen einer besonders sorgfältigen Auswahl wegen der gegenüber Benzinbetrieb gesteigerten Anforderungen. Mit der Verdichtung des Motors wachsen die Spitzentemperaturen und damit die notwendigen Glühzahlen der Kerzen. Die verschiedenen Gasarten verlangen hinsichtlich der zur Verwendung gelangenden Kerzen eine sorgfältige Auswahl. Bei eigenen Fahrversuchen wurde festgestellt, daß z. B. für Holzkohlengas Bosch-Kerzen mit Glühzündungszahlen 145 oder 175 verwendet werden konnten, während in demselben Fahrzeug bei Übergang auf Holzgas 225er Kerzen erforderlich waren, ohne daß an der Verdichtung des Motors etwas geändert war. Bei den Versuchen wurde festgestellt, daß für den erforderlichen Glühwert der Kerze neben der Verdichtung im Motor und dem Heizwert der Wasserstoffgehalt des Gases bestimmend ist. Bei den Fahrversuchen wurde eine große Zahl von Beobachtungen an verschiedenen Zündkerzen gemacht. Dabei zeigte sich, daß bei Glühzündungen aus dem Aussehen der Isoliersteine in der Regel nichts Besonderes zu erkennen war, lediglich die Elektrodenspitzen hatten Glühspuren aufzuweisen. Dies war immer dann zu beobachten, wenn mit einem Gas von hohem Wasserstoffgehalt gefahren wurde und der Motor gleichzeitig eine gute Leistung zeigte. Eine Erklärung hierfür ist folgende: Der Wasserstoffgehalt bedingt sehr hohe Spitzentemperaturen an den Elektroden, während sich der Glühwert der einzelnen Kerzen auf eine mittlere Kerzentemperatur bezieht.

Interessant ist eine andere Beobachtung, die damit im Zusammenhang steht. Bei Verwendung von Steinkohlenschwelkoks wurden 145er Kerzen gefahren; sie neigten während der ersten 20 min dauernd zum Knallen; nur durch Drosseln der Ansaugluft des Motors, also durch eine Verzögerung der Zündgeschwindigkeit und eine Minderleistung, konnte der Motor betrieben werden. Infolge der allmählich sinkenden Reaktionsfähigkeit des Brennstoffes in Verbindung mit dem Aufbrauch der flüchtigen Bestandteile wurde das Gas allmählich schlechter, der Wasserstoffgehalt sank und das Knallen hörte von selbst auf. Durch derartige Einflüsse wird die richtige Auswahl der Kerzen erschwert. Auf der anderen Seite bringt aber die Verwendung von Kerzen mit zu hohem Glühwert ebenfalls Nachteile, die sich in einer Verschmutzung der Kerzen infolge zu niederer Kerzentemperaturen bemerkbar machen.

Als Anhaltspunkt für die Kerzenwahl kann man bei einer Verdichtung von $\varepsilon = 9$ annehmen:

Brennstoff:	Glühwert der Kerzen:
Holz	225
Holzkohle	175
Schwelkoks und Anthrazit	145

Im allgemeinen wird man mit diesen drei Kerzentypen auskommen. Es empfiehlt sich die Verwendung zerlegbarer Kerzen, um die teilweise sich bildenden Rückstände innerhalb der Kerze leichter entfernen zu können.

4. Störung im Betrieb.

Die häufigste Störung ist eine allmählich sich verschlechternde Leistung. Liegt die Ursache an der Gasanlage, so erkennt man dies daran, daß die Verbrennungsluft am Motor mehr und mehr gedrosselt werden muß. Anderenfalls liegt die Störung am Motor selbst. Als Ursachen für eine Gasverschlechterung kommen in Betracht: Zu viel Wasser oder zu feuchter Brennstoff, Abnahme der Reaktionsfähigkeit des Brennstoffes oder Verschlackung des Gaserzeugers bei fossilen Brennstoffen. Im letzteren Falle hilft nur eine Neufüllung des Gaserzeugers.

Tritt gleichzeitig eine Erhöhung des Unterdruckes in der Gasleitung ein, so sind Ablagerungen in der Gasleitung, im Gaserzeuger, in den Reinigern oder in der Mischdüse die Ursache.

Bei Holzgaserzeugern ist die Voraussetzung für eine gute Motorleistung die richtige Höhe der Holzkohlenschicht sowohl in der Brennzone als auch am Gasaustritt. Dies bedingt, daß Düsen und Querschnitte der verlangten Motorleistung angepaßt sein müssen. Dann wird die Holzkohlenschicht sich kaum verändern. Sind jedoch die Luftdüsen zu groß, so brennt mehr Holzkohle ab, als sich neu bilden kann, der Holzkohlenspiegel sinkt beiderseitig ab. Umgekehrt bei zu kleinen Luftdüsen. Der Stand der Holzkohle gibt also ein Maß für die richtige Bemessung des Gaserzeugers. Über die Erneuerung der Holzkohle siehe S. 83.

Kommen bei Verwendung von teerhaltigen Brennstoffen Verteerungen des Motors vor, so zeigt sich dies bei betriebswarmem Motor an einer vorübergehend sehr guten Motorleistung; beim Erkalten des Motors verklebt der Teer die Kolben und Ventile, so daß eine Wiederingangsetzung unmöglich ist, und eine umständliche Reinigung des Motors erforderlich wird. Eine solche Verteerung ist auf einen Schaden am Gaserzeuger zurückzuführen. Eine Wiederinbetriebnahme setzt also eine Instandsetzung des Gaserzeugers voraus.

Manche fossilen Brennstoffe sind sehr empfindlich gegen richtige Einstellung der Wasserdampfzufuhr. Dies ist besonders bei Anthrazit und Steinkohlenschwelkoks der Fall, die zur Bildung eines guten Gases hohe Feuerraumtemperaturen verlangen. Allgemein gültige Angaben über die erforderliche Wasserdampfmenge lassen sich schwer machen. Günstige Werte konnten bei einem Wasserzusatz von:

10 bis 12 l/100 kg Brennstoff bei Steinkohlenschwelkoks
12 bis 14 l/100 kg   „   „ Anthrazit

erzielt werden. Diese Zahlen gelten nur für eine bestimmte Gaserzeuger-
bauart und lassen sich nicht ohne weiteres verallgemeinern. Sie können
höchstens als ungefährer Anhalt dienen. Andere Brennstoffe, die einen
Wasserdampfzusatz benötigen, wie Holzkohle, Torfkoks und Braunkohlenschwelkoks, sind in bezug auf die zugesetzte Wasserdampfmenge
weniger empfindlich. Ein Zuviel an Wasserdampf verschlechtert jedoch
auch hier das Gas und erschwert außerdem die Gaskühlung, da der
Wärmeinhalt eines feuchten Gases sehr groß ist.

5. Fahrtechnik.

Der Betrieb eines Fahrzeuges verlangt stark wechselnde Maschinen-
leistungen, denen sich der Gaserzeuger anpassen muß. Hierin weicht
der Fahrzeugbetrieb vom ortfesten Betrieb erheblich ab. Während
im letzteren Falle die erzielbaren Dauerleistungen ausschlaggebend sind,
wird die Brauchbarkeit eines Gaserzeugers für den Fahrzeugbetrieb
wesentlich durch seine Anpassungsfähigkeit an wechselnde Belastung
bestimmt. Wenn zum Teil von Fahrzeugführern über mangelhafte
Leistung geklagt wird, so trägt großenteils eine mangelhafte Anpassung
des Gaserzeugers an Belastungsschwankungen die Schuld. In dieser
Hinsicht dürften besonders die fossilen Brennstoffe Anthrazit und
Steinkohlenschwelkoks den anderen unterlegen sein, während z. B.
Braunkohlenschwelkoks in bestimmten Gaserzeugern sich recht günstig
verhält. Die Anpassungsfähigkeit eines Gaserzeugers ist besonders
wichtig in stark wechselndem Gelände, z. B. beim Befahren langer
Gefälle mit anschließender starker Steigung. In diesem Fall kann man
sich dadurch helfen, daß man kurz vor Ende des Gefälles bei stark
gedrosselter Verbrennungsluft vorsichtig Gas gibt und dadurch die
Temperatur im Feuerraum des Gaserzeugers auf die erforderliche Höhe
bringt. Vorsicht ist insofern notwendig, als bei einer zu großen Gasentnahme viel Brennstoff aus dem Generator mitgerissen wird. Dies
ist ganz besonders bei Holzgaserzeugern der Fall. Man darf daher bei
gedrosselter Verbrennungsluft höchstens auf halbes Gas gehen.

Zu lange darf jedoch nicht mit gedrosselter Verbrennungsluft gefahren werden, da leicht die Zündkerzen verölen können.

Beim Befahren von Steigungen gilt der Grundsatz: Je träger der
Gaserzeuger und Brennstoff ist, desto früher muß auf den nächst
niederen Gang umgeschaltet werden.

Die richtige Einstellung der Verbrennungsluft muß dem Gefühl des
Fahrers überlassen bleiben. Man kann jedoch die Bedienung dadurch
erleichtern, daß die Mischorgane so ausgebildet werden, daß sie bei
einmaliger Einstellung der Luft im Betrieb ein Nachregulieren bei
anderen Belastungen nicht mehr erfordern.

6. Brennstoffverbrauch.

Einen einwandfreien Vergleich bildet der auf die Leistungseinheit bezogene spezifische Brennstoffverbrauch B_e in kg/PSh. Da jedoch sämtliche Brennstoffe eine Reihe von unbrennbaren Bestandteilen enthalten, unter denen der Asche- und Wassergehalt mengenmäßig teilweise sehr hoch, aber bei den einzelnen Brennstoffen starken Schwankungen unterworfen ist, soll der Brennstoffverbrauch auf die wasser- und aschenfreie Substanz bezogen werden. Nach eigenen Versuchen, die an einem Büssing-Motor Type C 4 mit einer Verdichtung $\varepsilon = 8,2$ bei 1000 U/min durchgeführt wurden, können im Mittel folgende Werte angenommen werden:

Brennstoff (asche- u. wasserfrei)	Spez. Brennstoffverbrauch B_{e_R} in kg/h
Buchenstückholz	0,65
Buchenholzkohle	0,42
Braunkohlenschwelkoks	0,40
Steinkohlenschwelkoks	0,37
Anthrazit	0,37

Für die übrigen Brennstoffe liegen noch keine Versuchsergebnisse vor. Aus diesen Zahlen kann der tatsächliche Brennstoffverbrauch B_e bei einem Aschegehalt von a und einem Wassergehalt von w Gewichtsteilen angenähert aus der Beziehung

$$B_e = B_{e_R} \cdot \frac{H_R}{H_R\,(1 - w - a) - 620 \cdot w}$$

errechnet werden.

Bei Holzgaserzeugern ist noch der Verbrauch an Holzkohle zu berücksichtigen, der aber stark schwankend ist und von der Holzbeschaffenheit und der Belastungsweise des Gaserzeugers abhängt. Bei mäßiger Belastung hält sich die Holzkohlenbildung und der Verbrauch die Waage, so daß außer der von Zeit zu Zeit erforderlichen Erneuerung kein weiterer Verbrauch an Holzkohle eintritt. Die benötigte Holzkohlenmenge für eine Neufüllung beträgt etwa 20 bis 30 kg. Bei stärkerer Belastung des Gaserzeugers muß täglich der Holzkohlenstand ergänzt werden. Am größten ist der Holzkohlenverbrauch bei Verwendung von Weichholz, der im praktischen Betrieb auf den doppelten bis dreifachen Verbrauch gegenüber Hartholz ansteigt.

Zu diesem Verbrauch tritt noch der Abbrand während der Anblasezeit, der aber nur bei stark aussetzender Betriebsweise mit langen Betriebspausen ins Gewicht fällt. Für einen derartigen Betrieb eignet sich jedoch der Gaserzeuger infolge der damit verbundenen Schwierigkeiten nicht, so daß dieser Fall außer Betracht bleiben kann.

Bei Verwendung von Brennstoffen, die größere Mengen flüchtiger Bestandteile enthalten, wie z. B. insbesondere von Holz, ist noch der

Abbrand im Stillstand infolge Fortdauerns des Schwelvorganges zu berücksichtigen. Dieser zusätzliche Brennstoffverbrauch ist vor allen Dingen beim Omnibusbetrieb in Rechnung zu stellen, wenn häufiger Aufenthalt an den Endstellen sich ergibt. Dieser Abbrand wurde bei Buchenholz an einem Imbert-Gaserzeuger gemessen und betrug auf die wasserfreie Substanz bezogen:

nach   5 min Stillstand . . . . 0,4 kg   nach 20 min Stillstand. . . . 1,0 kg
 „ 10 min   „   . . . . 0,7 kg   „ 30 min   „   . . . . 1,14 kg

Für Gaserzeuger mit feuerfester Auskleidung, die wärmespeichernd wirkt, ergeben sich unter denselben Verhältnissen folgende Werte:

nach 15 min Stillstand . . . . 3,2 kg   nach 45 min Stillstand . . . . 4,2 kg
 „ 30 min   „   . . . . 3,9 kg

Die Brennstoffkosten sind stark schwankend und werden insbesondere durch die Transport- und Aufbereitungskosten bestimmt. Als ungefährer Anhaltspunkt können folgende Zahlen angenommen werden:

Buchenstückholz . . . . 2,70—3,50 RM./100 kg (Generatorfertig)
Holzkohle . . . . 8,0 RM./100 kg (Großbezug an Erzeugungsstelle)
Anthrazit . . . . 2,50 RM./100 kg ab Zeche (Großbezug)
Steinkohlenschwelkoks . 2,60 RM./100 kg „   „   „
Braunkohlenschwelkoks . 1,80 RM./100 kg „   „   „
Torfkoks . . . . 6,60 RM./100 kg „ Erzeugungsstelle.

Um einen Anhaltspunkt für den Brennstoffverbrauch im Fahrzeug zu erhalten, seien noch Meßwerte, die aus eigenen Versuchen stammen, erwähnt. Diese Fahrversuche wurden mit einem Magirus-Lastwagen mit einem Gesamtgewicht von 10,8 t, dessen Motor bei einem Zylinderinhalt von 6,5 l mit Holzkohlengas eine Leistung von 70 PS abgibt, auf der Autobahn Frankfurt-Heidelberg-Bruchsal durchgeführt, stellen also Dauerversuche dar. Dabei wurde folgender Verbrauch auf 100 km Fahrtstrecke ermittelt:

Buchenstückholz . . . . 88—94 kg/100 km
Holzkohle . . . . 48—51 kg/100 km
Anthrazit . . . . 54 kg/100 km
Steinkohlenschwelkoks . . . . 50—53 kg/100 km
Braunkohlenschwelkoks . . . . 62—64 kg/100 km

Auf normalen Straßen müssen je nach den Geländeverhältnissen noch Zuschläge gemacht werden. Im übrigen sei auf die Ergebnisse der Versuchsfahrt 1935 mit heimischen Treibstoffen verwiesen[1].

----

[1] Reinsch: Z. VDI 1935 S. 1543.

J. Die Wirtschaftlichkeit des Gaserzeugerbetriebes beim Nutzkraftwagen.

Mit aller Deutlichkeit sei darauf hingewiesen, daß es für die Bemessung der Wirtschaftlichkeit beim Nutzkraftwagen allgemein und für seinen Antrieb durch Sauggas insbesondere keinen starren, überall verwendbaren Maßstab gibt. Die innerhalb der Kraftfahrbetriebe anzutreffenden Eigenarten sind an sich schon so mannigfaltig, daß, je nach Erfordernis, die Bauart der Nutzkraftwagen eigens dem gedachten Zweck angepaßt werden muß, wenn eine Wirtschaftlichkeit erreicht werden soll.

In diesem Zusammenhang muß man sich bei Verwendung des Gaserzeugers im Nutzkraftwagen für jeden Einzelfall besonders über folgende Fragen Klarheit verschaffen:

1. Was wird an Motorleistung benötigt?

2. Wie hoch muß die durchschnittliche Fahrgeschwindigkeit sein, um die Ausgaben für Fahrerlöhne und Begleiter in erträglichen Grenzen zu halten?

3. Was wird an Ladefläche bzw. Nutzlast verlangt?

4. Welche Möglichkeiten bietet das Fahrzeug für den Einbau des Gaserzeugers und seiner Hilfsaggregate?

5. Welcher Gaserzeuger, welche Größe und welche Bauart ist jeweils am besten geeignet?

6. Welche Bezugsmöglichkeiten und Preise gelten am Verbrauchsort für den gewählten Kraftstoff und die erforderlichen Hilfskraftstoffe?

7. Liegen für den gewählten Gaserzeugertyp nutzbare praktische Betriebserfahrungen vor?

8. Mit welchen Lohn-Mehraufwendungen für Wartung und Instandsetzung muß im späteren Betrieb gerechnet werden, in Anbetracht der Eignung des Fahrers und der mit der Wartung Beauftragten?

Es empfiehlt sich, diesen Fragen volle Beachtung zu schenken, um spätere Überraschungen bezüglich der Wirtschaftlichkeit zu vermeiden, insbesondere dann, wenn nicht längere eigene Betriebserfahrungen für einen dieser vielen Sonderfälle vorliegen. Stehen für die Wirtschaftlichkeitsberechnungen die Einzelkosten fest, muß man sich eingedenk bleiben, daß das Ergebnis nur eine zeitlich knapp begrenzte Gültigkeit hat.

Einfach liegt die Wirtschaftlichkeit dort, wo der Gaserzeuger mit dem Benzin- bzw. Flüssiggasbetrieb in Wettbewerb steht und übliche Fahrleistungen vom Nutzkraftwagen gefordert werden. In diesen Fällen wird es nur darauf ankommen, ob der Betrieb mit einer Verringerung der Motorleistung, der Fahrgeschwindigkeit, der Nutzlast und der Ladefläche auskommt.

Umstritten ist nur die Wirtschaftlichkeit des Gaserzeugerbetriebes bei den Kleinstnutzwagen mit 2—3 t Rahmentragfähigkeit. Der bei diesen Typen gebräuchliche Schnelläufer bringt einen verhältnismäßig sehr hohen Leistungsabfall, während die Gaserzeugeranlage einen beträchtlichen Anteil an Nutzlast- bzw. Ladefläche für sich beansprucht. Zudem hat die Ausbreitung des Dieselmotors in den letzten Jahren sehr stark an Ausmaß zugenommen und reicht heute bereits bis an diese Gruppe der Kleinstnutzkraftwagen heran, so daß Benzin als Wettbewerbskraftstoff immer seltener angetroffen werden wird.

Die gute Ausnutzung des Kraftstoffes im Dieselmotor hat den Fahrbetrieb wesentlich verbilligt und die früher gültige Vergleichsgrundlage des Gaserzeugerbetriebes, die sich auf die Verwendung von Leichtkraftstoffen im Ottomotor bezog, erheblich verändert. Die fast ausschließliche Verwendung des Dieselmotors im heutigen Nutzkraftwagen, insbesondere vom Dreitonner ab, bedingt, daß die Untersuchung der Wirtschaftlichkeit des Gaserzeugerbetriebes heute auf den Wettbewerb mit dem Dieselmotor abzustimmen ist. Damit ist aber die Wirtschaftlichkeit des Gaserzeugerbetriebes in starke Bedrängnis geraten, besonders dann, wenn für seine Einführung nur wirtschaftliche Gesichtspunkte maßgebend sind.

Der Bedarf an Kraftstoffkosten beim Antrieb durch Dieselmotor ist aus nebenstehender Tabelle 2 zu ersehen (1 kg Gasöl kostet 20 Pf.).

Tabelle 2. Die Kraftstoffkosten des Dieselbetriebes.

Wagen-gruppe	Dieselkraftstoff-verbrauch auf 100 km Fahrstrecke		Dieselkraft-stoffkosten je km
t	l	kg	Pf.
$2^1/_2$	18	15,5	3,1
$3^1/_2$	24	20,6	4,1
$6^1/_2$	36	31,0	6,2
9	48	41,2	8,2

In diesem engen Rahmen von 3,1 Pf./km beim Kleinnutzwagen und 8,2 Pf./km beim Schwerstnutzwagen müssen alle mit dem Gaserzeugerbetrieb verbundenen Mehraufwendungen gegenüber dem Dieselbetrieb zumindest eingefügt werden können, wenn von einem wirtschaftlichen Wettbewerb mit dem Dieselmotor gesprochen werden soll. Um etwaige Mehrkosten ganz oder zum Teil auszugleichen, und um die Einführung des Gaserzeugers als Antriebsquelle im Nutzkraftwagen zu erleichtern, hat der Staat die Kraftfahrzeugsteuer für Wagen mit Antrieb durch heimische feste und gasförmige Kraftstoffe erheblich gesenkt. Bei der Berechnung der Kraftfahrzeugsteuerersparnis gegenüber dem Betrieb mit flüssigen Kraftstoffen darf jedoch nicht übersehen werden, daß der Einbau eines Gaserzeugers das Eigengewicht des betriebsfertigen Fahrzeuges um 600 bis 1000 kg, je nach der Art der Anlage erhöht und damit die Ersparnis um den Steueranteil des vermehrten Eigengewichtes vermindert wird. Der Einbau von Holz-Gaserzeugern wird gegenwärtig außerdem vom Reichsforstmeister und Preuß. Landesforstmeister durch Verfügung vom 29. 3. 35 durch besondere Zuschüsse gefördert. Beim Einbau in neue Fahrzeuge beträgt dieser Zuschuß RM. 600.— und beim Einbau in einen gebrauchten Wagen beläuft er sich auf RM. 300.— je Wagen.

1. Die durch den Gaserzeugerbetrieb verursachten Kraftstoffkosten und Mehraufwendungen im Nutzkraftwagen.

I. Kraftstoffkosten. a) **Kraftstoffkosten beim Holzgasantrieb.** Prüft man die Werbedrucke einzelner Hersteller, so findet man oft die Behauptung, daß 1 l Benzin durch 2 bis $2^1/_2$ kg lufttrockenes Holz ersetzt werden kann. Die praktische Erfahrung hat gelehrt, daß das Verhältnis zu günstig angenommen ist. Außerdem wurde in den Werbedrucken stillschweigend die richtige Vergleichsgrundlage verlassen, da bei Umstellung von flüssigem auf festen Kraftstoff der Leistungsabfall nicht zu übersehen ist, der zwischen 20 und 30% liegt. Beim „Vergleich" muß man aber in jedem Falle die gleiche Motorleistung voraussetzen. Wird das Verbrauchsverhältnis Benzin zu Holz mit 1 : 3 angenommen (praktische Erfahrungszahl), so bezieht sich der Holzverbrauch auf einen Motor mit meist nur 75% Leistung gegenüber 100% Leistung bei Benzinbetrieb. Ersetzt man den Otto-Motor obendrein durch den Dieselmotor, so ergibt sich das Verbrauchsverhältnis von 1 kg Gasöl gleich 5 bis 5,6 kg Holz oder 1 l Gasöl entspricht im Mittel $4^1/_2$ kg Holz. Außerdem benötigt der Holz-Gaserzeuger ungefähr 2% seines Holzverbrauches an Holzkohle. Wird der Holzpreis frei Verbrauchsstelle mit RM. 3,— für 100 kg und der Holzkohlenpreis mit RM. 10,— je 100 kg (Kleinbezug) angenommen, so ergeben sich im Vergleich zu Tabelle 2 folgende Kraftstoffkosten beim Holz-Gaserzeuger (Tabelle 3).

Tabelle 3. Kraftstoffkosten des Holz-Gaserzeugerbetriebes.

Wagen-gruppe	Kraftstoffverbrauch auf 100 km			Kraftstoffkosten bei Holz-Gaserzeugerbetrieb je km		
	Diesel-betrieb Gasöl	Holz-Gaserzeuger-betrieb		Holz	Holzkohle	Insgesamt
		Holz	Holzkohle			
t	l	kg	kg	Pf.	Pf.	Pf.
$2^1/_2$	18	81	1,6	2,4	0,2	2,6
$3^1/_2$	24	108	2,2	3,3	0,2	3,5
$6^1/_2$	36	162	3,2	4,9	0,3	5,2
9	48	216	4,3	6,5	0,4	6,9

Die Gegenüberstellung der Kraftstoffkosten beim Diesel- bzw. Holzgasantrieb läßt erkennen, daß sowohl Holz als auch Holzkohle jedenfalls weit günstiger als zu 3,— bzw. 10,— RM. je 100 kg eingekauft werden müssen, denn für die übrigen Mehrkosten ist kaum noch etwas Raum übriggeblieben.

b) **Kraftstoffkosten für Holzkohlengasantrieb.** Nach den Firmenangaben steht einem Verbrauch von 1 l Benzin-Benzol-Gemisch der Verbrauch von 1 bis 1,25 kg Holzkohle gegenüber. Auch in diesem Falle hat der praktische Betrieb gezeigt, daß das Verhältnis zu günstig angegeben wurde und in der Praxis 1 : 1,5 beträgt. Auch für Holzkohle gilt das, was bereits oben vom Leistungsabfall gesagt wurde. Beim

Vergleich mit dem Dieselbetrieb ist davon auszugehen, daß 1 kg Gasöl durch 2,5 kg bis 2,8 kg Holzkohle und 1 l Gasöl im Mittel durch 2,2 kg Holzkohle ersetzt werden kann. Bei einem Bezugspreis von 8,— RM. je 100 kg Holzkohle ergeben sich an Kraftstoffkosten für den Holzkohlen-Gaserzeuger die in nachstehender Tabelle 4 errechneten Werte.

Da die Kraftstoffkosten für Holzkohle hiernach die Preise für den Dieselbetrieb bereits um ein geringes übersteigen, muß der Bezugspreis für Holzkohle erheblich gesenkt werden, wenn ein wirtschaftlicher Wettbewerb mit dem Dieselbetrieb in Frage kommen soll. Hier zeigt sich auch mit aller Deutlichkeit, daß das Streben nach billigen, festen Kraftstoffen eine Lebensnotwendigkeit für den Gaserzeugerbetrieb bedeutet. In vielen Fällen werden die in Tabelle 3 und 4 angegebenen Kraftstoffkosten noch durch „hilfsweise" Verwendung von flüssigem Kraftstoff gesteigert. Bei richtig bemessener Anlage kann und muß dieser zusätzliche Anteil an Kraftstoffkosten in Fortfall kommen.

Tabelle 4. Kraftstoffkosten des Holzkohlengaserzeugerbetriebes.

Wagen-gruppe	Kraftstoffverbrauch auf 100 km		Kraftstoff-kosten bei Holzkohlen-gaserzeuger-betrieb je km
	Diesel-betrieb Gasöl	Holzkohlen-gaserzeuger-betrieb Holzkohle	
t	l	kg	Pf.
$2^1/_2$	18	40	3,2
$3^1/_2$	24	53	4,2
$6^1/_2$	36	79	6,3
9	48	106	8,5

II. Wartungs- und Instandsetzungskosten. a) Holz-Gaserzeuger. Es ist in der letzten Zeit gelungen, den Zeitaufwand für das Inganghalten des Gaserzeugers zu senken. Auch die zusätzlichen Arbeitszeiten während des Fahrbetriebes durch Aufschütten, Durchstoßen, Rütteln u. a. m. konnten verringert werden. Die regelmäßige Reinigung des Gaserzeugers sowie der Reinigeranlage und des Gaskühlers beansprucht aber immer noch einen erheblichen Zeitaufwand. Aus der Praxis liegen hier stark voneinander abweichende Zahlen vor. Auf 1000 km Fahrtstrecke bezogen werden auf den Gaserzeugerbetrieb bei gut eingearbeiteten Kraftwagen-betrieben immerhin noch 2 Stunden aufgewendet. Die Mehrzahl der Betriebe braucht jedoch 3 Stunden und einige sogar 5 Stunden Wartungs-zeitaufwand für 1000 km Fahrtstrecke. Für die Bedienung und Reinigung des Holz-Gaserzeugers sind im Mittel 0,35 Pf. je km einzusetzen. Für kleinere Instandsetzungen muß man nach den heutigen Erfahrungen mit ungefähr dem gleichen Betrag rechnen.

Für große Instandsetzungen kommt in der Hauptsache der Ersatz folgender Teile in Frage:

Äußerer Generatormantel nach 75000 km ⎫
Innerer Generatormantel nach 40000 „ ⎬ Mittelwerte.
Generatorherd nach. . . . . 35000 „ ⎭

Hieraus errechnet sich an Instandsetzungskosten ein Betrag von 1,3 Pf./km.

Die gesamten Kosten für Wartung und Instandsetzung belaufen sich demnach auf 2,0 Pf./km.

Es ist zu hoffen, daß durch Verbesserungen in der Bedienungseinrichtung und Reinigung sowie durch Verwendung geeigneter Werkstoffe die Aufwendungen für Wartung und Instandsetzung noch um einiges gesenkt werden können.

b) Holzkohlen-Gaserzeuger. In bezug auf den Arbeitsaufwand für die Bedienung des Holzkohlen-Gaserzeugers liegen die Verhältnisse ähnlich wie beim Holz-Gaserzeuger; es entstehen 0,35 Pf./km Wartungskosten. Die teilweise verwendeten Naßreiniger verlangen auf 1000 km Fahrstrecke zusätzlich 5 bis 10 l Reinigungsöl im Werte von RM. 1,— bis 3,—, das sind 0,1 bis 0,3 Pf./km.

An Aufwendungen für kleine Instandsetzungen sind bei dem Holzkohlengasbetrieb 0,15 Pf./km einzusetzen. Nach den bisherigen Betriebs-Erfahrungsberichten beziehen sich die großen Instandsetzungen auf den Ersatz der Ausmauerung des Herdes und einiger Absaugrohre, wodurch eine Aufwendung von 0,5 Pf./km bedingt wurde, so daß insgesamt an Aufwendungen für Wartung und Instandsetzung beim Holzkohlen-Gaserzeuger mit rund 1 Pf./km bzw. 1,1 bis 1,3 Pf./km bei Naßreiniger gerechnet werden muß. Der Holzkohlen-Gaserzeuger liegt in dieser Beziehung günstiger als der Holz-Gaserzeuger.

III. Der Kapitaldienst für die Beschaffung einer Gaserzeugeranlage einschließlich der üblichen Einbaukosten. Die Lebensdauer der im Betrieb befindlichen neueren Gaserzeuger wird allgemein auf 150 bis 200000 km geschätzt. Der Preis für einen Holz-Gaserzeuger einschließlich allem Zubehör beläuft sich für eine 50-PS-Anlage im Durchschnitt auf 1400,— RM. und für eine 100-PS-Anlage auf RM. 1800,—. Die Einbaukosten sind weniger abhängig von der Größe des Gaserzeugers als von den Anforderungen, die schlechthin an den Einbau gestellt werden. Mitunter wird mehr als ein geschickter Einbau mit sinnfälliger Außenverkleidung gefordert.

Unter Berücksichtigung dessen, daß der Mehrpreis für den Holz-Gaserzeuger durch den oben erwähnten Zuschuß des Reichsforstmeisters ausgeglichen wird, ergeben sich meist für Beschaffung und Einbau Kosten von insgesamt 1500,— bis 3000,— RM.

Vereinzelt werden diese Kosten erheblich überschritten, wenn bei Umstellung außer den üblichen Einbaukosten noch Sonderausgaben erforderlich werden, z. B. für verstärkte Bereifung, größere Sammler-Batterie, leistungsfähigere elektrische Anlage, Austausch des früheren Motors gegen einen stärkeren Motor zum Ausgleich des durch den Gasbetrieb verursachten Leistungsabfalles u. a. m. Hierfür wurden nach den bisherigen Erfahrungen sogar Beträge von RM. 3000,— und darüber ausgegeben.

Diese Sonderfälle zeigen deutlich, daß vor der Umstellung des Wagens auf Gasbetrieb seine Eignung, d. h. die Höhe der hierfür erforderlichen Kapitalaufwendungen geprüft werden muß. Bei einer Lebensdauer von

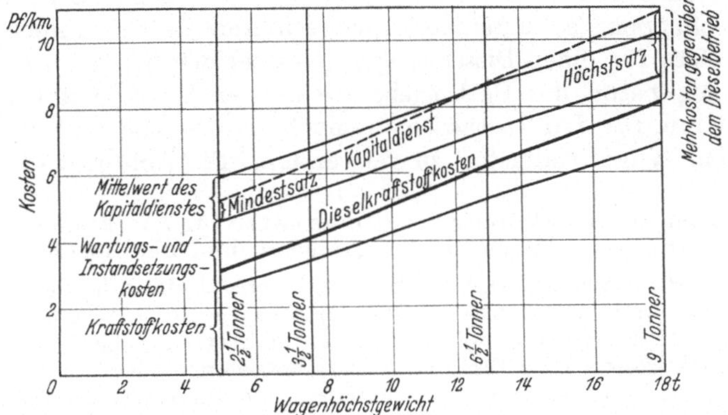

Abb. 60. Betriebskosten auf 1 km bei Holzgasbetrieb ohne Berücksichtigung der Fahrzeugsteuer.

150000 km ergibt sich für die Tilgung des üblichen Kapitalaufwandes ein Kostensatz von 1—2 Pf./km, der sich auf 0,75 bis 1,5 Pf./km bei einer Lebensdauer von 200000 km ermäßigt. Unter Berücksichtigung

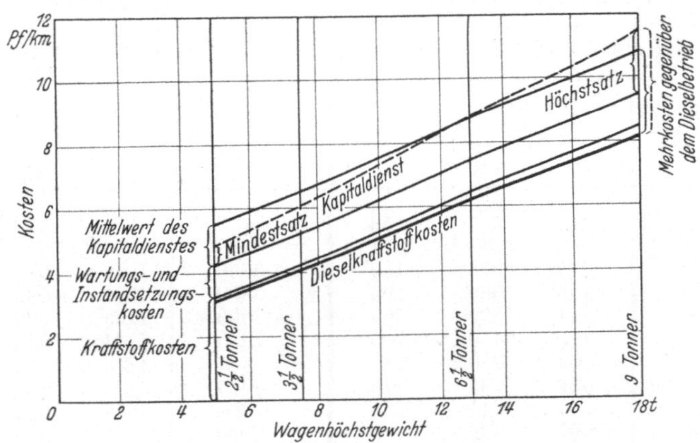

Abb. 61. Betriebskosten auf 1 km bei Holzkohlengasbetrieb ohne Berücksichtigung der Fahrzeugsteuer.

eines angemessenen Zinsfußes erhöhen sich diese Beträge für den gesamten Kapiltaldienst um ein geringes. Wird der Einbau des Gaserzeugers in der Fabrik selbst bei Herstellung des Fahrzeuges vorgenommen, so ist damit meist eine Verbilligung und damit eine Herabsetzung des Kapital- dienstes zu erreichen. Allgemein betrachtet kann für den Kapitaldienst unter Berücksichtigung aller dieser Gesichtspunkte mit einer Aufwendung von 0,6 bis 2,0 Pf./km gerechnet werden. Die Durchschnittsaufwendung für Kapitaldienst beträgt 1,3 Pf./km.

Wenn im Rahmen dieser wirtschaftlichen Betrachtung Mehraufwendungen für Reifen, Sammler, elektrische Anlage usw. unberücksichtigt blieben, so unterblieb auch andererseits die Anrechnung des Mehrpreises für einen Dieselmotor gegenüber dem gleich starken Otto-Motor zugunsten des Gasbetriebes. Ganz eindeutig geht das Streben heute dahin, für den Gasbetrieb nur noch den Dieselmotor mit verändertem Kopf (Universalmotor) zu verwenden. Die Abb. 60 und 61 zeigen

Tabelle 5. Aufstellung der Steuersätze für Lastkraftwagen und Omnibusse je nach der Antriebsart und der Beschaffungszeit.

I. In der nachstehenden Aufstellung sind unter Spalte I die Steuersätze aufgeführt, die für Kraftomnibusse — Lastkraftwagen gezahlt werden müssen, welche vor dem 1. 4. 35 erstmalig zugelassen wurden und heute mit flüssigen Kraftstoffen (Vergaser-Kraftstoff oder Diesel-Kraftstoff) betrieben werden.

II. In Spalte II sind die Kraftomnibusse und Lastkraftwagen enthalten, die nach dem 1. 4. 35 erstmalig zugelassen wurden und deren Steuer zur Förderung der Motorisierung gegenüber Spalte 1 auf Grund des Gesetzes vom 13. 12. 33 wesentlich ermäßigt worden ist.

III. In Spalte III sind Kraftfahrzeuge jeder Art (Personenkraftwagen, die noch der Steuer unterliegen, Kraftomnibusse und Lastkraftwagen) aufgeführt, die mit gasförmigen oder festen Kraftstoffen oder elektrischer Kraft oder Dampfkraft angetrieben werden. Die Steuersätze für diese Fahrzeuge liegen ohne Rücksicht auf den Zeitpunkt ihrer Beschaffung in halber Höhe gegenüber den Steuersätzen in Spalte II.

In der Aufstellung ist der 5%ige Aufschlag für Wegeabnutzung enthalten.

Bei einem Eigengewicht des betriebsfertigen Fahrzeuges bis kg	Jahressteuer für			Bei einem Eigengewicht des betriebsfertigen Fahrzeuges bis kg	Jahressteuer für		
	I RM.	II RM.	III RM.		I RM.	II RM.	III RM.
2000	315	315	158	6200	977	578	289
2200	347	347	174	6400	1008	588	294
2400	378	378	189	6600	1040	599	300
2600	410	389	195	6800	1071	609	305
2800	441	399	200	7000	1103	620	310
3000	473	410	205	7200	1134	630	315
3200	504	420	210	7400	1166	641	321
3400	536	431	216	7600	1197	651	326
3600	567	441	221	7800	1229	662	331
3800	599	452	226	8000	1260	672	336
4000	630	462	231	8200	1292	683	342
4200	662	473	237	8400	1323	693	347
4400	693	483	242	8600	1355	704	352
4600	725	494	247	8800	1386	714	357
4800	756	504	252	9000	1418	725	363
5000	788	515	258	9200	1449	735	368
5200	819	525	263	9400	1481	746	373
5400	851	536	268	9600	1512	756	378
5600	882	546	273	9800	1544	767	384
5800	914	557	279	10000	1575	777	389
6000	945	567	284				

die mit dem Holzgas- bzw. Holzkohlengas-Betrieb verbundenen Kraftstoffkosten und Mehraufwendungen. Zum Vergleich wurden die Kosten
des Dieselbetriebes eingetragen.

**4. Der Einfluß der bei Verwendung von Gaserzeugern eintretenden
Kraftfahrzeugsteuerermäßigung.** Der Einfluß der Kraftfahrzeugsteuerermäßigung bei der Verwendung heimischer fester und gasförmiger
Kraftstoffe, s. Tabelle 5, ist stark abhängig von der jährlichen Fahrleistung des Nutzkraftwagens. In Abb. 62 ist der auf den Kilometer

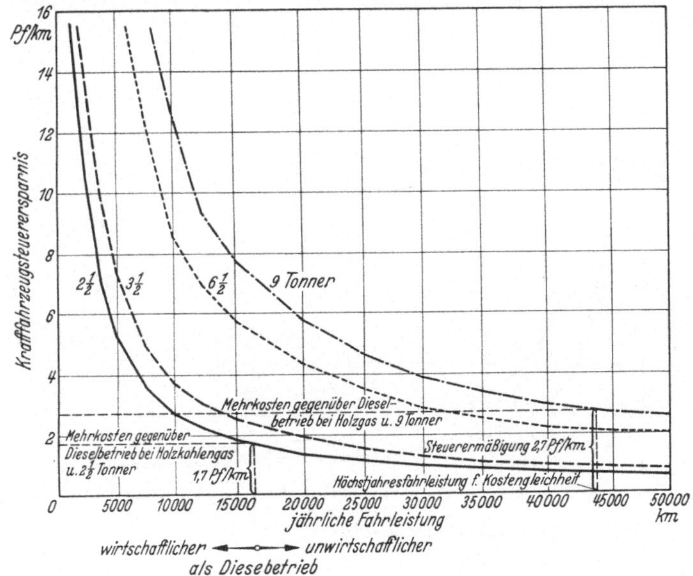

Abb. 62. Die mit Generatorbetrieb verbundene Kraftfahrzeugsteuerersparnis für Kraftwagen, die
vor dem 1. 4. 1935 zugelassen wurden.

entfallende Betrag der Steuerermäßigung für Kraftwagen dargestellt,
die vor dem 1. 4. 35 zugelassen wurden, während Abb. 63 den Einfluß
der Steuerermäßigung in Pf./km für die Wagen darstellt, die nach dem
1. 4. 35 zugelassen wurden.

Aus den Abb. 62 und 63 ist die Wirtschaftlichkeitsgrenze (als jährliche Fahrleistung) des mit Gaserzeuger angetriebenen Nutzfahrzeuges
gegenüber dem Dieselbetrieb zu ermitteln, wenn die Mehraufwendungen
des jeweiligen Fahrzeuges aus Schaubild 60 oder 61 in Schaubild 62
oder 63 eingezeichnet werden. Naturgemäß bringt der beträchtliche
Steuernachlaß für Nutzkraftwagen, die vor dem 1. 4. 35 zugelassen wurden,
einen größeren Bereich für die Wirtschaftlichkeit des Gasbetriebes gegenüber dem Dieselbetrieb insbesondere bei schweren Wagen. Stark eingeschränkt ist der Wirtschaftlichkeitsbereich bei leichten Nutzkraftwagen und bei Nutzkraftwagen, die nach dem 1. 4. 35 zugelassen wurden.

Vorstehende Betrachtungen zeigen, daß, wenn auch bei den beiden bekanntesten Vertretern des Gasbetriebes — Holzgas und Holzkohlengas — eine Wirtschaftlichkeit des Gasbetriebes gegenüber dem Dieselbetrieb nur in Einzelfällen erreicht werden kann, der Gasbetrieb allgemein betrachtet, dennoch sehr nahe an den billigen Dieselbetrieb heranrückt. Die Abb. 60 und 61 beweisen, daß insbesondere die Kraftstoffkosten beim Holzgas- und Holzkohlen-Gaserzeuger gegenwärtig zu hoch liegen. Dem Dieselbetrieb gegenüber wird die Wirtschaftlichkeit des Gas-

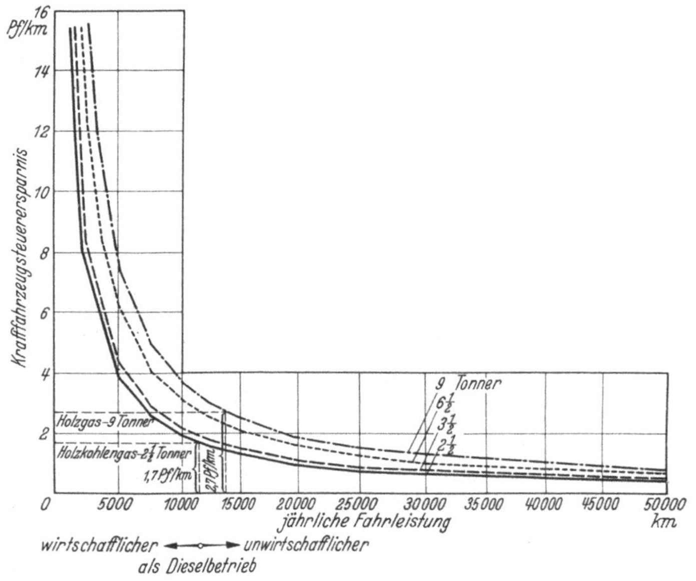

Abb. 63. Die mit dem Generatorbetrieb verbundene Kraftfahrzeugsteuermäßigung für Kraftwagen, die nach dem 1. 4. 1935 zugelassen wurden.

betriebes dann gegeben sein, wenn die Verwendung billiger Kraftstoffe in gut und zweckmäßig durchgebildeten preiswerten Gaserzeugern einwandfrei gewährleistet ist.

Heute bringt der Gaserzeugerbetrieb bereits schon dem Nutzkraftwagenbesitzer wesentliche wirtschaftliche Vorteile gegenüber den mit Flüssiggas oder Leichtkraftstoffen angetriebenen Kraftfahrzeugen. Es ist zu hoffen, daß die weitere Entwicklung des Gaserzeugers in absehbarer Zeit auch einen wirtschaftlichen Einsatz gegenüber dem Dieselbetrieb ermöglicht. Sobald dieses Ziel erreicht ist, wird die Einführung des Gaserzeugers im Nutzkraftwagenbetrieb, insbesondere bei Wagen mit hohem Verbrauch und großer Fahrleistung in dem Umfang erfolgen können, daß der Gasbetrieb durch die Verwendung heimischer fester Kraftstoffe der deutschen Wirtschaft eine wichtige und auch fühlbare Hilfe bringt.

Schrifttum.

1921. Fischer: Kraftgas, 2. Aufl. Leipzig: Otto Spamer.
1923. Schüle: Thermodynamik, 4. Aufl. Berlin: Julius Springer.
1932. Kühne: Untersuchungen an Holzgaserzeugern. Techn. in d. Landwirtsch. Heft 5—7, 10 u. 11.
1933. Kühne: Holzgas als Treibmittel. Z. VDI Heft 48.
    Schläpfer u. Drotschmann: Zur Frage des Sauggasbetriebs. Bern: Büchler.
1934. Fachheft Sauggas 1. ATZ Heft 11.
    Heinze: Veredelung gasförmiger Brennstoffe. Leipzig: Akad. Verlagsgesellschaft.
    Kühne: Holzgas als Treibmittel. Z. VDI Heft 10.
    — Vergasungsversuche mit zerkleinertem Holz. Techn. in d. Landwirtsch. Heft 1.
    — Holzkohlengas. Z. VDI Heft 47.
    Seberich: Generatorbetrieb schwerer Fahrzeuge. Brennstoff-Chem. S. 204.
1935. Fachheft Sauggas 2. ATZ Heft 7.
    Finkbeiner: Versuche und Erfahrungen mit Holzgas. Z. VDI Heft 7.
    — Gaserzeuger für Kraftwagen. Z. VDI Heft 22, 23.
    — Verwendung von festen Brennstoffen für Kraftfahrzeuge. ATZ Heft 15.
    — Holzgas als Motorentreibstoff. Städtereinigung S. 141.
    Jäger: Holzgasanlagen. Jugoslavien: Novi Sad.
    Kühne: RKTL - Schriften Heft 60, Holz- und Holzkohlen - Gaserzeuger. Berlin: Beuth.
    Reinsch: Versuchsfahrt mit heimischen Treibstoffen. Z. VDI Heft 52.
    Strommenger: Devisensparende Treibstoffe. Z. öff. Wirtsch. Heft 1.
    — Technische und wirtschaftliche Betrachtungen. ATZ Heft 23.
    Wirtschaftsblatt: Heimische Treibstoffwirtschaft, Heft 30. Berlin: Industrie- und Handelskammer.
1936. Aster: Motoren für gasförmige Kraftstoffe und Generatoren. ATZ Heft 4.
    Ausschuß für Technik in der Forstwirtschaft: Holz als Treibstoff. Arbeitsgemeinschaft Holz.
    Berichtsheft der Hauptversammlung des VDI 1936. Enthaltend:
        Finkbeiner: Weiterentwicklung der Fahrzeug-Gaserzeuger.
        Schnürle: Verdichtungsverhältnis und Gasheizwert.
        Schulte: Versuche an Fahrzeug-Gaserzeugern.
        Schultz: Versuchsfahrt, 1935.
    Brückner u. Löhr: Brenntechnische Bewertung technischer Gase. Z. VDI Heft 42.
    Dolch: Wassergas. Leipzig: Johann Ambrosius Barth.
    Finkbeiner: Beobachtungen an Fahrzeug-Gaserzeugern. ATZ Heft 24.
    — II. Alpenwertungsfahrt. ATZ Heft 24.
    Machemer: Nationale Treibstoffwirtschaft. Frankfurt: Knapp.
    Mehlig: Fahrzeuggaserzeuger und Motor. Z. VDI Heft 11.
    Rixmann: Leuchtgasbetrieb von Fahrzeugmotoren. Z. VDI Heft 21.
    Rothmann: Leistungsabfall bei Gasbetrieb. ATZ Heft 9.
    Seberich: Fahrzeug-Gaserzeuger. Brennstoff-Chem. Heft 1.
    Thölz: Kraftwagen-Gaserzeuger. Berlin: Schmidt.
    Tobler: Herstellung und Verwendung von Holzgas. Bern.
1937. Finkbeiner: Untersuchungen an Fahrzeug-Gaserzeugern. Kraftfahrtechn. Forschgsarb. Heft 9.
    Schläpfer u. Tobler: Theoretische und praktische Untersuchungen über den Betrieb von Motorfahrzeugen mit Holzgas. Bern: Büchler.